国家自然科学基金资助项目

英石叠山匠作体系及其技艺传承研究

（项目批准号：51908227）

# 口述岭南盆景

李晓雪　翁子添　等　著

U0254495

东南大学出版社

SOUTHEAST UNIVERSITY PRESS

·南京·

图书在版编目(CIP)数据

口述岭南盆景 / 李晓雪等著 . -- 南京：东南大学
出版社，2023.3
ISBN 978-7-5766-0310-1

Ⅰ. ①口… Ⅱ. ①李… Ⅲ. ①岭南－盆景－观赏园艺
Ⅳ. ① S688.1

中国版本图书馆 CIP 数据核字 (2022) 第 206750 号

责任编辑：朱震霞　责任校对：张万莹　封面设计：顾晓阳　责任印制：周荣虎

口述岭南盆景
Koushu Lingnan Penjing

著　　者：李晓雪　翁子添　等
出版发行：东南大学出版社
社　　址：南京市四牌楼 2 号　邮编：210096
网　　址：http://www.seupress.com
电子邮箱：press@seupress.com
经　　销：全国各地新华书店
印　　刷：江苏凤凰数码印务有限公司
开　　本：787 mm × 1092 mm　1/32
印　　张：8.25
字　　数：220千字
版　　次：2023年3月第1版
印　　次：2023年3月第1次印刷
书　　号：ISBN 978-7-5766-0310-1
定　　价：48.00元

本社图书若有印装质量问题，请直接与营销部联系，电话：025-83791830

# 编委会名单

**特别鸣谢：**吴劲章 （中国风景园林学会终身成就奖获得者）

（以下按姓氏音序排序）

杜耀东　韩学年　何庆鸿　胡向阳　黄耀林

黄远颖　劳秉衡　劳　辉　梁宝华　林　南

刘少红　陆志泉　陆志伟　罗坤明　罗泽榕

释光秀　翁加文　翁坚文　曾安昌　郑永泰


广东园林学会盆景赏石专业委员会

广东省盆景协会

广州盆景协会

汕头花卉盆景艺术协会

广州海幢寺

# 序

为岭南盆景的传承发展贡献力量——这是华南农业大学岭南民艺平台创立"盆景研究组"的初心!

为这初心,几年前研究组的师生们通过"口述工艺"工作坊,兢兢业业,不辞劳苦,先后访谈了多名岭南盆景艺术的前辈、大师和名人。通过他们的口述,搜集了一批有关岭南盆景的历史和有价值的资料。他们通过详细笔录,并认真整理,把这些资料以口述访谈的形式汇编成册,形成此书,可喜可贺!

岭南盆景是中国盆景主要艺术流派之一,是岭南文化的一朵璀璨奇葩! 它以苍劲雄秀、清新高雅、潇洒自然、百态千姿、独具岭南风貌的特色,深受中外人士的赞赏。岭南盆景艺术历史悠久,源远流长。它除了继承古老的中国盆景艺术的血脉精髓之外,更根据地区文化、气候和审美情趣,摸索和走出了别具岭南特色的路子。但改革开放前,作为一种岭南民间工艺艺术,其传承主要还是依靠口传身授,留下的文字和书面资料不多。

"口述历史"是一种搜集史料进行学术研究的途径和方法。访问曾经亲身经历的见证人,作为史料与其他历史文献比对，可让历史得到补充和更加接近真实！以"口述盆景"的形式，发掘和搜集岭南盆景的历史资料，不仅对岭南盆景，甚至对中国盆景，都是一件开创性和有意义的工作！

本书访谈的多位岭南盆景艺术的前辈、大师，都是从事岭南盆景艺术几十年的专家，是近现代和当代岭南盆景发展历史的参与者、经历者和见证人，他们分别在岭南盆景创作、研究和传承发展等方面取得成绩，作出贡献，有丰富的经验。通过对他们的访谈，并认真记录和整理，可在某些方面填补岭南盆景历史发展的空白，也为今后岭南盆景的研究和传承发展留下宝贵的历史资料。而这正是《口述岭南盆景》整理出版的意义所在！

祝贺《口述岭南盆景》的出版！感谢李晓雪老师、翁子添老师及同学们的辛勤努力和付出！

是为序。

广州盆景协会常务副会长、中国风景园林学会花卉盆景赏石分会副秘书长、广东园林学会盆景赏石专业委员会主任委员、国际盆景协会（BCI）中国地区委员会副主席

2022年10月

# 前言

## 一途一心　静候时间的馈赠

一转眼，岭南民艺平台盆景研究组成立已五年有余。

2017年，岭南民艺平台刚刚完成了"口述工艺"工作坊成果系列展览工作，第一阶段成果受到很多关注，并得到很多认可，我们也在思考下一步如何计划，让"口述工艺"工作坊的研究工作成为日常。机缘巧合下，与子添相识，得知他是从我们学校风景园林专业毕业的本科生，一直将盆景作为自己设计工作之外的个人爱好，这也缘于他家庭的熏陶和影响。他的爷爷、爸爸和伯父一直在潮州从事与盆景有关的工作，可谓是盆景世家。一聊之后，我们一拍即合。我们发现岭南盆景在行业内声名远扬，但当下在学界与相关专业中却几乎很难见到它的身影，我们便决定以"岭南盆景"为专题，组建"口述盆景"课题组。

在此之前，我其实对岭南盆景一无所知。民艺平台第一期"口述工艺"工作坊的研究主要侧重于岭南传统建筑装饰工艺，这也主要是源于我们几位指导老师之前学习与工作经历的机缘。而经过几年的教学与研究活动，我们越来越发现岭南盆景跟我们学校华南农业大学的发展历史、与我们专业的发展历史、与独具特色的岭南地域文化都有十分紧密的关系。更重要的是，盆景艺术与中国传统造园和园居生活的关系更为密切，它紧密连接岭南地域的生活，而这些地域文化内涵的挖掘也更为贴合我们的专业需求。"口述盆景"不仅旨在岭南盆景技艺的保护与传承本身，它更应该作为岭南传统园林遗产保护与传承教育的重要组成部分。

这几年来，我们持续在进行盆景艺术的文献研究，开展岭南盆景技艺的专业教学活动，访谈广府、潮汕地区花艺盆景传承人，记录与总结岭南花艺盆景的发展历程与技艺特色，并结合实践尝试花艺盆景营造实践等。一方面，我们希望以口述历史的研究方法，将视野聚焦在岭南盆景人身上。岭南盆景艺术在广东地区的民间拥有非常广泛的群众基础和市场资源，这里大师频出；但其实对于岭南盆景发展历史与技艺价值等许多具体问题还没有完全厘清，在当下本土高校相关专业教育和学术界中更是较少有深入的认知与研究。另一方面，我们希望结合风景园林学科专业特点，以传统园林营境与园居生活的视角去反思中国传统花木文化的传承与发展，从园居生活与空间营造的思路出发去思考岭南盆景的传承与发展问题，也在此过程中引导学生整体性地思考岭南园林文化遗产的传承与发展问题。

在这几年的工作中，我们要衷心地感谢广东园林学会盆景赏石专业委员会的指导，特别要感谢书中所记录的每一位老师,以及未能尽收书中的每一位岭南盆景界的老师们给予我们的无私支持与帮助,更要感谢一路结交的善缘给予我们的无私帮助。让我感受最为深刻的是,岭南地域有太多的文化宝藏需要发声。这或许与岭南本土文化的务实精神有关。人们在提及岭南本地人的地域性格时,常常会说广东人"识做不识讲"(只会做不会讲)。在我们接触这些盆景大师时,他们常常给予我们教学活动与拜访学习以无限热情与帮助,但涉及对外宣传与发声时,他们往往又非常低调与谦虚,他们常说"大家都系咁啦,我冇特别"(大家都是这么做的,我没有什么特别)。他们不太善于或也不太乐于表达自己,大都以个人爱好的方式默默投入自己热爱的盆景事业之中。但在这几年的工作中,我们越发感觉,一门技艺的传承与发展需要有更多的人去发声,需要联动不同的资源与领域。岭南盆景既然已经有非常深厚的行业基础和生活基础,我们希望通过架构沟通的平台,能将不同板块和不同领域的人们联动起来,看看如何让更多年轻人接触到这些大师身上传承下来的优良传统,让更多的后继人了解传统的精髓,让更多的年轻人看到传统发展的各种可能性。但同时,我们又可以有一些新时代新生活的玩法,让年轻人去发挥创意,大家可以从不同角度来共同推动岭南盆景的发展。记得岭南民艺平台成立五周年的时候,我和子添在聊到岭南民艺平台这几年的收获时,都不约而同地提到了一点,那就是,这五年我们种下了很多民艺传承的"种子",在这一路上也常常有很多意想不到的缘分,也陆续开出很多惊喜的花儿,而这些都是鼓励我们内心坚定地走下去的力量。

因为新冠疫情的原因,这两年我们其实很少能带学生出去调研,更多地在埋头做教学和基础资料的收集整理工作,也常常会有新的启发和思考。当我们选择用"口述历史"的方法去面对岭南匠作技艺的时候,起初只是一种难以寻找文献的"被动"选择,而伴随着研究的深入,我们也有越来越多的好奇和疑问。更大的感触则是,在岭南,我们真的越来越需要回到田野之中,回到更加开阔的历史视野与资料之中,能有更多的同伴一起回到真实的生活与实践语境之中,去面对更多真实的人和生活。这也需要我们有更开阔的视野,更丰富的知识储备,更敏感细微的观察能力与更妥帖人心的情感共鸣,也只有如此,我们才能知道到底怎么样利用我们的专业所长真正去为遗产保护传承做点什么。我们需要多谈点一个个具体的问题,特别是在岭南,关于岭南传统技艺保护与传承,不是一个个抽象的概念,而是一个个非常具体细微的问题,它们很多仍然语焉不详。这些无法靠急速冲刺拼出来,要靠细水长流的积累与磨炼。这过程正像岭南盆景的创作一样,"蓄枝截干"需要的是时间的浸润和身手合一的锤炼,而这一路所遇所感皆转化为生命滋养,终有生命常青。我们作为高校的教育者、行业从业者与未来的专业人员,有责任让岭南地域文化的精髓发声,并将其传达给更多的社会大众。我们只是在背后想要并希望能搭起这个平台的人,我们希望能一途一心地做好事情,这个才是最重要的。

李晓雪

华南农业大学林学与风景园林学院教师、华南农业大学岭南民艺平台负责人

2022年10月

# 本书受访人简介（按音序排列）

**韩学年老师**
韩学年，1949 年生，广东顺德人，中国盆景艺术大师。

**劳秉衡老师**
劳秉衡，1929 年生，广东鹤山人，中国高级盆景艺术师，中国赏石名家，现任广州盆景协会荣誉会长。

**劳辉老师**
劳辉，1965年生，广东广州人，现任广东园林学会盆景赏石专业委员会副主任委员、广东省花卉协会副会长、广州盆景协会理事。

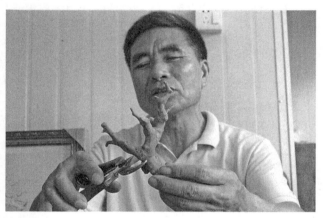

**陆志泉老师**
陆志泉，1950年生，广东广州人，中国盆景艺术大师，现任广州盆景协会副会长。

**陆志伟老师**

陆志伟，1948年生，广东广州人，中国盆景艺术大师，现任中国盆景艺术家协会副会长、广东省盆景协会副会长。

**翁加文老师**

翁加文，1953年生，广东汕头人，现任广东汕头花卉盆景艺术协会理事，曾任汕头金砂公园副主任、汕头市城市绿化管理中心主任。

**谢荣耀老师**

谢荣耀，1954年生，广东广州人，现任广州盆景协会常务副会长、中国风景园林学会花卉盆景赏石分会副秘书长、广东园林学会盆景赏石专业委员会主任委员、国际盆景协会（BCI）中国地区委员会副主席。

**曾安昌老师**

曾安昌，1954年生，广东顺德人，曾任广东省盆景协会会长。

**郑永泰老师**
郑永泰，1940 年生，广东汕头人，中国盆景艺术大师，现任中国风景园林学会花卉盆景赏石分会顾问、广东省盆景协会名誉会长。

# 【目录】

# 谢荣耀：盆景是享受过程的艺术

谢荣耀与岭南民艺平台采访者合照（图片自摄）

**受访者：谢荣耀**

简　　介：谢荣耀，1954年2月生，广东广州人，祖籍广东开平，曾任广州盆景协会会长，现任广州盆景协会常务副会长、广东园林学会盆景赏石专业委员会主任委员、中国风景园林学会花卉盆景赏石分会副秘书长、国际盆景协会（BCI）中国地区委员会副主席。作为岭南盆景文化的热爱者与推动者，多年来沉浸于岭南盆景的创作与研究，曾发表《二杰携手开先河　殊途同创岭南风——谈孔泰初、素仁的盆景技艺风格》

等文章,荣获省、市优秀科技论文奖,曾参与《中国岭南盆景》《东亚盆景》等书的编写,与余晖合著有《岭南盆景佳作赏析》。曾受邀参与《中国岭南盆景》《南国纪事——岭南盆景》的录制。多年来,一直致力于岭南盆景的传承与推广。

**访 谈 者**:翁子添,张芷瑜,霍绮雯,张炳辉,吴艺,罗莉薇,洪枫枫,许载迎,吴琼冰,陈芷欣

**访谈时间**:2017年7月19日

**访谈地点**:广州岭南职业技术学院,养生谷

**整理情况**:2017年8月整理

**审阅情况**:2021年4月由谢荣耀老师审阅

# 1 与盆景结缘

对于盆景,我一直是业余爱好,早期搞盆景的人很多都是(爱好)啊! 先喜欢它,被它吸引,进去以后就出不来了,就是这个样子。

刚刚改革开放的时候我就接触了盆景,当时刚好有一个机遇吧。我是在1970年,不到17岁就出来参加工作了,在企业当工人。我是搞纺织的,80年代初就被调到纺织局机关工作,也算比较幸运的了,很早就当干部。刚好我们有一个老同事,也是我的老师,广州盆景协会<sup>①</sup>荣誉会长、老秘书长劳秉衡*。他今年90岁了,身体还很好。他是搞岭南盆景的一个老前辈了,应该说是广州盆景协会的第一批会员。劳老师80年代在广州盆景协会的时候,也当了好多年的秘书长和副会长,现在是名誉会长。我们那个时候刚刚接触,是同事,看他玩得很好,就经常到他家里面去,这样慢慢就喜欢上盆景了。

---

① 1956年,由一批岭南盆景的始创人和爱好者组成了广州盆景俱乐部。1957年2月24日,在广州盆景俱乐部的基础上,广州盆栽艺术研究会在文化公园成立。1964年,广州市政府拨出专款在流花湖公园建流花西苑作为盆景爱好者的活动场所,之后流花西苑成为有名的"岭南盆景之家",孔泰初被推举为"家长"。"文化大革命"期间,研究会停止了活动。1980年10月8日,在当时的广州市副市长林西的倡导支持下,广州盆景艺术研究会复会并更名为广州盆景协会,林西担任协会的名誉会长,谭其芝任首届会长。多年来,协会组织会员参加了历次全国盆景展览评比,并多次选派代表参加在意大利、美国、英国、法国、日本、比利时、加拿大、捷克等国家举办的国际性花卉盆景博览会,皆取得最高奖项或良好成绩。
* 具体信息见文后附录。后文同。

3

我还有一个特殊的情况。我比较年轻的时候,读书比较少,很年轻就出来工作了,后来都是业余学习的。后来参加业余大学学习,在业大学了四年,都是靠业余读书出来的。要上进,要进机关工作,所以很年轻的时候就神经衰弱,晚上睡不着。可能那个时候想的东西也多,老是睡不着。也跟一些老人家学了太极拳,觉得要有一些爱好,分散一些精力。当时一接触到盆景,跟劳师傅(学习)以后,就被(盆景)吸引了。以后慢慢学,也买一些树头来玩。我们那个时候一早就骑个单车到(广州)清平路*去找下山的树头。人家农民挖下来那些,(我们)买回去以后,就思考它怎么修改啊,怎么剪啊,怎么构思(造型)(图1-1)。我晚上睡觉的时候都想着这个事,年轻的时候我就把精力引导到这里了。晚上睡觉的时候,想那个树头以后怎么构图,没做出来就要想了,就慢慢地集中精力,以后(失眠就)慢慢好一点,我就觉得还是挺有好处的。这样慢慢地就一直三十多年出不来,差不多四十年吧。

玩植物能够放松自己,但我们那个时候工作也紧张,机关单位的那个老行业,那个时候是比较大的一个行业,也是很兴旺的一个行业,下面是十万八万的职工,工作压力也大。我们当时玩是偷偷地玩,不敢声张,为什么呢? 那个年代跟现在有点不一样,刚刚改革开放,特别是领导也重用你啊。那么年轻,未到30岁就提拔你当干部了,那你搞这些东西是不是在玩? 当时"文革"刚结束,那个观念还没有完全改过来,玩物丧志啊,那么你是不是不务正业啊? 是有点担心的,不敢跟领导讲,就是跟着一些老师傅在玩。

就这样爱好上了(盆景),一玩就几十年了。所以我们老是说,这个东西一接触以后就好像上瘾了一样,没办法,也不是靠它赚钱的。但是刚刚开始的时候,也有点想赚点小钱的念头。因为那个时候工资几十块嘛,看到市场(上)那些(盆景)卖得很好,也想搞一点来赚点小钱。后来慢慢地,就有一些专业户专门搞这些来经营来谋生,但我们由于有个工作就不可能(经营)的嘛,所以也不是靠它吃饭的,就主要以玩为主,以探讨为主,过程大概是这样吧。

我们的前辈包括我们刚才说的劳秉衡会长,他们当时玩得都很艰苦,都是一种爱好,他们都在天台(做盆景)。那个时候平房跟现在不一样,就是有瓦顶的平房,有些还要爬到那个瓦顶,一层层来放。包括我最早玩的时候,刚好我父母家住四层楼顶层,上面有一个天台,我就利用这一点,不然的话就很难玩。我估计现在也是这个样子,现在找空置的天台也是很难了。

我原来在广州盆景协会的时候,流花湖公园有个西苑*,原来我们有些会员早期也放一点盆景在那里,大的搬不回去啊,(只能)自己找地方了。反正成品呢,肯定就要自己找地方(放),有些搞经营的他也好办,自己有盆景园,反正在市场里面他就好办一些。所以呢,以前玩盆景的场地条件是受到很大限制的,现在慢慢地可能经济条件好一点,有些就在外面租地,但是租地也不容易的,要到很远的(地方),要开车去。现在也是要有一定的条件,但是总体上是玩的人多了。

## 2　坚持在岭南传统的基础上创新

### 2.1　越是岭南的就越是中国的

我们一定要坚持(岭南的风格),不管你怎么改革创新都好,都一定要坚持,不然的话就没有自己的风格了,就跟在人家后面走。现在我就不满意,国内有些情况就是这样子,(盆景)商品化很厉害,主要是好卖,它不讲传统艺术,不讲中国特色。所以我有一个观点,我以前是学中文的,有一个较深刻的文艺观点就是,越是民族的就越是世界的。你们读书都有这个理论对吧,文学概论里面都有讲的嘛,是吧。越是民族的就越是世界的。你不要跟人家走,我就搞我岭南的,越是岭南的就越是中国的,越是中国的就越是世界的。

现在岭南盆景有一个缺点,就是时间长。另外一个就是,不要讲全世界了,包括在国内要完全学(岭南)也有点困难。因为广东岭南地区它是天时地利人和,天时很重要,我们四季基本上都可以生长植物,植物生长期很长啊,植物品种很多。那北方就不行啊,一下雪,没有温室,有些树种就死掉了。另外(在北方),盆景的枝条生长期很短,这一点他们(北方)

就学不了（岭南盆景的技法）。只能是像日本（的做法），用铁线把它扎出来，马上就有的看了，因为它不用多长的生长期嘛。但是它也是要讲工艺年限的，有些老树扎完以后固定十来年、几十年，日本的（盆景）几百年的都有。但是它要有大效果不一定要太长时间，起码人家很短时间就有个大效果，但我们岭南就不行了。所以这也是一个问题，但是也不应该因为这个问题就否定我们自己，是吧？那人家学不了，我就不坚持啊？刚才讲了越是民族的就越是世界的，他做不了，他可以买我的，可以看呐，可以欣赏啊，是不是？

## 2.2 坚持传统也要创新

岭南盆景也不要盲目自大，在坚持我们传统的基础上的确也要创新。所以（20世纪）90年代我就提出这个观点。我当时就写了两篇文章①，我的观点就是，在坚持我们传统特点的基础上，也要创新和引进一些新的东西、新的技法，不能闭门造车，要有互相交流。

就好像日本盆景，我们也很喜欢，它也的确有很多优点。但是我们为什么不做它呢，做它以后放弃了我（们）自己的东西就不行了，但我（们）可以吸收它一些有用的东西。

**技术创新**。我们盆景界有些做岭南盆景的，这几年都在

① 《谈岭南盆景的改革创新》，发表于《广东园林》期刊1993年第2期；《关于岭南盆景创新的几个问题》，发表于2008年12月的《花木盆景（盆景赏石）》期刊2008年第12期。

实践怎么样加快它的生长成型。当然这个首先在种养技术方面要提高，像水肥啊，怎么样让它长得快一点啊，快出枝条。人家长几年的，你长一年就行了，那你就大幅缩减了时间。现在很多人在研究，实际上也做到了。实际上从水肥、从管理的角度可以做。现在有些就在推动改革了，就是叫作"连消带打"①——一个分支出来以后长得够粗了，就把它剪掉，把它锯掉，锯掉的地方又从旁边萌芽，留一个芽眼，萌芽以后这个又长的比例又差不多了，它是一节比一节小的，从大到小，这样线条才好看嘛。但是以前老人家是这样做：等一个芽出来长得差不多了，按比例截掉，如此重复培育下一级分枝，你看多长时间了，有些长一个枝条如果算一年，（全部需）要七八年。但是现在"连消带打"，就不是把它全部锯掉。通过在目的枝旁边留一个侧芽，储备一个生长点，带动这个主枝生长，以后再根据造型需要，对枝条进一步（进行）选择。

另外还有一种，也学人家的一些技法，不是全部用铁线，但也要带，我们叫"带枝"（即金属线蟠扎的技法），要用线来稍微带一带（枝）。有些把树枝的皮切掉一点，把（枝条）这样一曲下来，它那个曲度跟用铁线弯的曲度就不一样了，它也有力，也快啊。它一弯下来，伤口处就可以利用了，通过伤口

① 连消带打，本来是武学术语，这里借指在培养枝条过程中，几节枝条一起培养，以缩短成型时间的做法。每根枝条上的分枝，不管有用还是没用，全部让其生长，到枝条主脉达到理想粗度时，再将不需要的枝条锯掉（这种枝称为"牺牲枝"）。而锯掉枝条的切口日后留下漂亮的"马眼"（盆景截剪后留下的伤疤）增添了枝条的沧桑感，过渡也呈现出由粗到细的变化，与蓄枝截干法殊途同归。

处的树皮与树皮靠接，经过一段时间生长，伤口愈合以后它很自然就（有）一个曲度了。这个技术现在都在用了。

还有一点呢就是"嫁接"。盆景在旁边需要一个曲折的横枝的时候，就靠接或者嫁接进去一个小苗。（小苗）嫁接进去以后，等它伤口愈合了，长好了，它就好像出来一个小枝了，这样就大大缩短了时间。这么多年了，我们有些朋友在做，有些是三年（左右）就成型的，很快。原来要十多年，（现在）这个是（因为）技艺在不断地更新。

所以为什么一定要找地方啊，在外面要租地啊，（因为）在地里面种比在盆里面种效率起码高几倍的嘛。所以搞大的盆景我们多数都要找地的。但是现在在盆里面也可以，通过那几种技术，虽然没有地里面长得那么快，那是肯定的，但是它起码能够缩短时间。

另外呢，现在学习日本人用那些弯曲器，很大的树干都可以被弯曲，吸收人家的经验嘛。日本的盆景这么弯弯曲曲都是这样做出来的。那些树干（我们）可以运用，但是小枝我们一般很少用，都是用刚才那几种方法比较多。大树干也会用设备，千斤顶啊，液压器啊什么的都用上了，（或）压枝条把它扭曲，这个日本人就最拿手。我们也可以学他们，但是出来以后我们的风格还是保留的，特别是我们的大枝、小枝和枝爪，一定要是我们自己的风格，看上去和日本风格不一样。

还有就是要学习人家的管理技术，（这点）人家是比我们先进的，要承认我们是落后的。为什么日本很多东西要（能）销到中国来啊？人家喜欢啊！一个是很干净，培养介质也是比较清洁的，比较好的。还有一个就是药物的使用，药物包括肥料，现在都是用液肥、水肥，不是我们堆在那里的（有机肥）。这个呢反正看需要，我们可以吸收日本的一些管理经验。

**树种创新。**创新这方面还有一个是树种。以前岭南盆景以杂树杂木为主，我国北方跟日本是以松柏类为主。树种不一样，是因为气候不一样。我们这里能够做盆景的植物应该相对比较多，但是以前都是选传统的，像榆树啊、福建茶*啊、九里香*啊，松柏类也有。还有一些雀梅*啊，水横枝*啊，这些都是一些传统的品种。但是经过那么多年的发展，现在品种很多啦，引进了一些新的品种。像红果仔*，就是外面引进来的，（20世纪）90年代的时候，在我们老前辈一代已经引进了，原来是澳洲的一个品种，人家做果酱用的，现在在我们（用来）搞盆景了。这种树不错，它虫蚁很少，也相对容易成活，不容易枯枝。还有一个海南的博兰*也是新的。这几年发展了很多新的品种，包括北方的一些树种。四川的金弹子我们这里也搞，反正北方的一些盆景能够适合我（们）这里用的，我们都用。

另外，还有一个，我就从艺术的角度讲。如果岭南派的盆景要选树种，我们主要掌握一个原则就行，就是适合我们气候的，长得比较快一点的，还有就是节眼分叉比较多的。有些树分叉不多，都是直来直去的，就不适合我们岭南派。分枝比较多的树种都是比较优良的树种。所谓分枝多呢就是萌芽多，全身都是萌芽点的最好。还有一个呢，我们要选比较优良的树种，就是选那些每一个分叉的节眼都比较短的，越短越好。像我们雀梅节眼长了一点点，它就出分枝，如果做小盆景，分枝越短越好（图1-2）。

　　所以我们岭南盆景选树种呢，一般都是选这些比较粗生的，长得快的，分叉多的，节眼比较密的。还有最后一个，叶子比较小的。大叶的好像榕树，以前玩得很少，但现在慢慢也多了。榕树相对来说如果做成小盆景，有个弱点，叶稍微大了一点，把里面的枝条全部盖住了，就看不到那个脉络了。有一些树种那么大的叶，怎么做盆景呢。你出几片叶已经全部挡满了，也就不好看了。我们岭南派为什么好看呢？像雀梅的叶不大，（虽然）它满树都是叶，但是它的分叉也看得很清楚，脉络轮廓也看得很清楚。我们就是选这些品种相对比较好的。大叶不是不行，现在有一些简单的，比较简括的，所谓文人树什么的，就长一两片叶子，大一点没问题，主要是主枝好看，长几个月它又是一盆。这个是另外一种风格，在岭南它也有人做，但是跟我们传统的岭南派是有区别的。这是树种的问题。

　　还有，我们一定要提高的话，就是一个意境的问题了。刚才我讲到了内涵，即我们制作者一定要提高自身的素质，这个就见仁见智吧，就是主观的因素了。

**树型探索。**岭南派的树型在那么多流派里面应该是比较丰富的。这个书上都有了，我就不一一展开了。我对树型没有特别的喜好，以前大树型就比较普遍，它是岭南派的一个风格，应该说是主要代表之一吧。比较早的时候，我们的老前辈孔泰初＊，叫作我们的宗师吧，就是以做大树型为主的。我们也比较喜欢这种东西，相对来讲比较喜欢。

另外一种就是悬崖型。悬崖有几种，有些是大悬崖，有些小悬崖，就是看它的弯曲度跟飘垂的幅度。飘垂跨度大一点的我们叫大悬崖，有些垂下来一两米的都有，起码几十公分（厘米）。小悬崖呢就是没有垂得那么低，但肯定要低于盆的盆面。低于盆面的才叫悬崖。

有一些（树身）在盆面上的叫作飘斜（图1-3）。飘斜也是我比较喜欢的岭南派的一种造型吧。飘斜是比较有写意和画意的，它跟大树型有不同的内涵。还有丛林，它有一头多干的，都是一个头里面长出来的，分组，有主次。那还有一种呢，就是以前老一代做得比较多一点的，就是弄几个小树，拼林组合。一头多干和连根林大概是我们最喜欢的啦，但是关键的是这个树胚不好找，也不是所有树胚都适合做，就是说树头适合做的才能做。要因树造型嘛，所以造型也不是千篇一律的，我们都有多种爱好，但是平时玩得比较多的是这几种。还有一个直树型，有人叫作木棉型，那是比较高耸一些的,就是一杆通天的。

讲到山水盆景,我个人认为这是岭南盆景的一个弱项。实际上以前都有人玩,但是相对树桩盆景来讲,它就少一些。原来我们盆景协会最早有几个老会员玩,后来都没玩了。所以岭南在山石盆景这一块,它不是做得不好,而是相对树桩盆景来讲,它比较弱一些,玩的人不多。反而北方,包括江浙以北的,比我们玩得多,玩得好。因为北方树木的品种没有我们多,选择的机会不大,玩树的少了,肯定要找一些石头来搞一搞。大家的情况不一样。山水盆景比较快,主要是构思,然后把它粘好,有时候附一点小植物在上面(也可以)。我们岭南人以前的老观念就觉得它比较容易,技术含量不高,所以就不去追求这个事,去追求一些难度大、时间长的。

# 3 学盆景是师傅带徒弟

学盆景就是师傅带学徒,开始都是这样的。盆景以前没有纳入教学(体系),不是学校里面专业的教学范围,到现在为止,我估计很正规的盆景教育不能说没有,但是起码是不完善的。现在(它)慢慢引起重视了,社会爱好者越来越多,所以陆续有些学院里面也开一些班,都是挂在园艺系里面的,或者是其他一些环境艺术系里面,但也不是所有啊,包括最早我知道(广州)仲恺农(业工程)学院也搞过,(20世纪)90年代的时候。

广州盆景协会90年代初也搞了十几期的讲习班，叫作岭南盆景讲习班。但是在社会层面它就不是正规教育，一些所谓玩的时间长一点的专家、老前辈出来讲，作为短期培训，八天半个月、几个月这样短期地学习一下。现在我们都在呼吁（盆景）能够纳入大专院校里面，作为正规教育，这是一个方向啊，慢慢地这个（盆景）也就普及了（图1-4）。讲课这个我就一般，现在不多了，老老实实写文章倒不少。但是坐在这里，像座谈交流就经常有，包括国外的国内的。有些经常交流的（人）来看看盆景，座谈一下，互相交流，互相探讨。从2000年起我们也搞过十多期的岭南盆景艺术研讨会，在研讨会上我们也是很认真地做一些研讨发言。广州海幢寺\*（2017年）9月份也要搞一次研讨会①，但是它的题目是比较专的，是"素仁\*"的。以前是靠这些来传播，来培养一些新的发烧友，就靠这种手段。但以后能够纳入正规教育就不一样了，是吧？

看看日本，你们去过就知道，（它们）做了很多工作啊，政府很重视，（如）搞盆景展览，总理和大臣都亲自出来剪彩。我们去我国台湾地区看盆景展的时候，当时是马英九出来剪

① 岭南"素仁格"盆景艺术研讨会旨在发掘传承岭南"素仁格"盆景艺术。2017年9月28日，由广州海幢寺和中国风景园林学会花卉盆景赏石分会联合主办、广州盆景协会和广东省盆景协会承办、"弄文玩素"盆友群协办的岭南"素仁格"盆景艺术研讨会在其发源地——广州海幢寺举办。会议期间同时举办"素仁格"盆景艺术展览。

14

彩的，人家那么重视啊，把盆景真的作为一种高档艺术来搞。盆景原来都不作为一种艺术，我们讲是艺术，实际上没（被）纳进（系统）去，所以我们宣传岭南文化、岭南艺术，一定要包括岭南盆景。你不能老是讲岭南画派，讲（岭南）书法，讲"三雕一彩一绣"，当然这些都是艺术。岭南盆景由于以前是小范围玩，领导（对其）没那么重视，主要是对这个东西没有什么认知，所以它纳不进（艺术体系）。经过那么多年，现在慢慢被认识了，就被拉入非遗了，是吧？跟"三雕一彩一绣"一样。但是在措施上和具体的思路上还不够，还要发展，这就靠你们了。

我们这一辈玩（盆景）的，老老实实说，就基础这个方面和学院派是有差距的，我们是靠实践出来的。在学院里面，你们需懂得基础理论，盆景它是一门综合的艺术，包括你要懂得画理、美术绘画构图，还有一些艺术上基本的要求。还有一些内涵的东西，作者没有一些文化素养内涵，搞出来的东西就没有品位。他讲不出个道理，人家看也就是一棵树，就看不出内涵，这个意境（就）出不来。这个要讲修养啊，这（就）叫文化艺术了。但是它除了这方面以外，还有很多技术的要求，比如岭南派就讲蓄枝截干。还有一个，它跟其他的学科也是紧密联系的。园艺系本身学的知识，有植物学，有土壤学，还有杀虫、肥料，这些是肯定要学的，农业（知识也）肯定是要学的。比如，现在在泥土（使用方面）有很多改革。

人家日本都用赤玉土①、火山土，还有一些复合土，也有把各种养分综合起来的，我们也可以跟上。但是我们原来传统的老一辈都是用塘泥，最多就掺一点沙，以前没有沙还有炉灰。现在炉灰都没有了，不烧煤了。塘泥②（本来）就不太行，特别是现在的塘泥更不行，因为现在的塘泥有些质量很差，有些则不是真正的塘泥。以前真正的塘泥，浇水很长时间都不容易散，很结实，因为它黏度很大，不容易松散，现在你浇几天水，看看那个土都好像糨糊一样。那样的泥土就不行了，容易散，透气性不好，如果它保持颗粒（状）还可以。潮州那边（的塘泥）好，有人经常从潮州那边拉（塘泥）回来。

我们老一辈呢，单单就是缺了这一块理论基础。所以你们比我们有优势啊。我们是靠实践，靠以前的传统经验。

## 4　盆景是享受过程的艺术

盆景是享受过程嘛，所以我专门写了一篇文章，叫《盆景是享受过程的艺术》③。你不要怕它时间长，一个盆景，每年都不断地变化，变化的过程就是享受的过程。享受过程，其他的艺术也有，但是没有我们（盆景）那么突出。像书画，一幅

① 赤玉土，由火山灰堆积而成，是近年来盆景界推崇的一种土壤介质，也是在日本运用最广泛的一种栽培介质。它是高通透性的火山泥，呈暗红色圆状颗粒；没有有害细菌，pH呈微酸；其形状有利于蓄水和排水。
② 塘泥，由池塘中的淤泥晒干而成，质地比较坚硬，氮磷钾含量高，可用来做种植花木、蔬菜的肥土。
③ 《盆景是享受过程的艺术》，发表于2009年的《花卉》杂志。

画最多画几年，画好后，只是挂在那里欣赏而已，它不能变化了。盆景呢，摆完展览以后回来，看看又有新的想法，我还可以继续改造，还可以继续变化。它是不断变化的过程，我就享受这个过程，我玩它的变化。另外一个是，生长地区不一样，岭南盆景与天时、地利有关，是有些地方做不到的。所以大家的选择有些不一样，追求的方向不一样。

盆景是高雅艺术，是一种有品位的艺术。但是（我们）也不能老是困在这个圈子（里），要让岭南盆景进入千家万户。一个艺术啊，你没有普及，你搞的调子太高，有时候的确也是有点问题的。但是我们玩盆景的人一定要清醒，我们要坚持高雅的品位，也要带动你们这些新入门的、那些没有入门的，搞一些适合进入家庭的，最起码能吸引你们的。这个就是普及，有普及才有提高啊。

所以这里就涉及手法。比如说蓄枝截干，一下子学不到不要紧，可以学一些简单的，包括日本的盆景，可以参考一下，学一学。等慢慢地你入门以后，就要向岭南盆景艺术这方面来靠拢了。但是（如果）你完全种都不种，怎么提高，是不是？ 包括以后你要搞一个培训班什么的也好，也要首先带动那些不懂的人入门，入门以后搞一些最简单的，搞几盆小的，（让他们觉得）好看，也就吸引他们过来了。所以，我们要从这方面吸引人家。

树种方面也要创新。我们这几年增加了很多新品。另外还要找一些能够真的进入家庭、摆放时间比较长的品种。实际上现在已经有了，很多人都在推黑骨茶*了，我最近也写文章想推这个。黑骨茶以后资源也会越来越少，但是它稍微适合在室内摆放，它（对）管理的要求和水分的要求不是太高。

还有一个就是提倡做一些组合的盆景，它也不一定就是一棵树从头种到尾。把它组合（起来），有小树的，有石山的，（我们）也不要放弃石山这一块。有时候搞一些小菖蒲，搞一个石头盆，也很雅，也是盆景，有内涵。虽然它不是蓄枝截干，但它起码吸引你们吧。入门以后呢慢慢地玩高档了再跟我们学，我教你如何蓄枝截干，慢慢提高。（或者）搞一个小水景，（让）家庭有点生气，这也是改革创新努力的一个方向。

小型化的问题，从岭南盆景甚至中国盆景的历史来讲，在哲学上，它有一个我们叫作否定之否定的过程。开始玩的时候，应该说都是小盆景。以前，包括古代，那古人哪有那么多搬搬抬抬的、吊机来吊的盆景。（虽然）在园林里面有，在花园里面有，但是上盆的基本没有。我们岭南盆景的老一辈，包括新中国成立以后的，"文革"后的，八九十年代的，因为地方的限制，都是以小型为主。后来改革开放，玩的人稍微多了，市场也形成了，像那些树材市场——清平路、陈村*啊，这些花木市场也逐步形成了。市场化后，盆景树头也商品化了。但讲句不好听的，从经济效益来讲，为了卖得高的价钱，那些人就越做越大。开始的指导思想都是经济效益，你卖一车小的都不够我（一个）大的挣得多，是不是？所以由于市场的引导，这十几二十年，（岭南盆景）慢慢地走向大型化。你看现在展览的（盆景），越大越好，也叫斗大。而且我们评奖有一个不好的地方，我觉得有引导的问题。在展览的时候，包括评奖，你那个小里小气的，再好人家都看不上眼。它不起眼主要是你没有认真看，一走就过了。但是那些大的，离（老）远就看到了，漂亮，这吸引人吧。从这个角度来讲，它得奖的机会稍微多一些。所以，引导得那些盆景人为了得奖，就要做大一点，要恢宏一点的，有气势的，这样才吸引人，吸引评委。所以，这个是作为一个组织怎么引导的问题。

但是经过这么20年的发展，慢慢地，真正的盆景人，有头脑的盆景人，他也意识到，这样走下去也不行，越搞越大，哪有那么多人玩得起？现在（弄）大花园的也有，有些大老板搞个别墅搞个大花园啊，特别是在外面租个地儿，搞个自己的盆景场啊，那个就没问题，但是那毕竟是小部分人。

（大盆景）要推广不行，要普及（更）难。现在这几年已经有一部分人慢慢意识到这个问题，转为玩小的为主。我们不是做经营的，我自己也意识到我以前玩的也太大了。你到我天台去看，有些（盆景）我要搬下来都难，所以我慢慢地也搞一些小的，真正的有品位的。就是要慢慢地从小到大，大了慢慢回到小里面。这就是我认为的否定之否定的过程。

但是呢，以后也不能完全都引导他们玩小的，不玩大的，这也不行。毕竟社会各种人都有，各种需求都有。有些地方玩大的，包括（搞个）展览、搞一个盆景场。要看你场地（的情况），你场地大，做那么小里小气的，一看上去就不成气候，也不行，是吧？你是展示给人家看的，不是自己玩的，玩的过程也是展示人家看的，你就要稍微有一些大的（盆景），但是也不要千篇一律。所以我个人的观点是，大中小都应该兼容，不要这个否定那个否定。不过进入家庭，肯定以小盆景为主，适合现代人居住条件的要求，阳台可以搞一些小的（盆景）。给一个大的，你也没用，没地方放。要普及就一定要向小的方向来发展。所以，（对）不同的需求吧，我觉得都要兼顾好。展览呢，它有大型展览，也有小型展览，我们在协会的时候都搞过，有时候大型展览看得多了，我都主张他们搞一些小型的。另外的一个，是要有高品位的展览。

怎么样让盆景进入家庭？在市场里面，有时候美这个东西关键在于发现。其实生活里，大自然跟生活到处都充满美，关键你有没有（发现）美的眼光。像搞摄影，那么一个小树头、一片小叶子，人家都拍半天的，他就是用他的眼光来发现它的美。初入门玩这个盆景也是这样。你在市场里面逛一逛，反正你就用你（发现）美的眼光，认为哪些是值得玩的，可以造成盆景。它有美的因素，你就可以把它买回来，自己改造。我前天到芳村那里，就买了这个何首乌*。何首乌是中药，但是我是第一次见到（用它）做盆景。何首乌买回来的时候它很简单，现成就是这样的，它的藤垂下来，我觉得很有画意啊。我就清理一下，换了一个高档的古盆，它的味道就不一样了（图1-5）。

所以你们去市场都可以啊。刚刚玩的时候，要求不要太高，这个是进入家庭的，不一定要买贵的，有时候几十块钱就有了。你入门以后，慢慢地跟着这些老师，你就可以慢慢提高玩高档的。慢慢地你们自己都可以提高了，多看书，有时候有课去听一听，大家交流一下，有展览去参观一下，就行了。

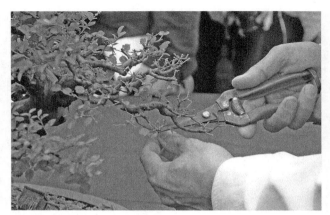

图 1-1 谢荣耀演示枝条细剪（图片自摄）

图 1-2 《横林待鹤归》，雀梅，谢荣耀作品（图片由谢荣耀提供）

图 1-3 谢荣耀作品雀梅《故乡的云》（图片由谢荣耀老师提供）

图 1-4 谢荣耀受邀到华南农业大学进行授课（图片自摄）

图 1-5 何首乌悬崖式盆景，谢荣耀作品（图片由谢荣耀提供）

# 盆景技艺修剪示例

## ● 瓜子黄杨的修剪整形

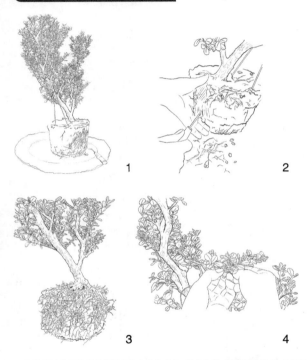

1. 这株扦插成活的瓜子黄杨在盆中种植多年，根系饱满，需要及时修剪，确定下一阶段长势，主要着手于根部的修剪和枝干的取舍。
2. 疏松土球，注意保留浅色的根尖，因为新鲜的根尖有较好的吸收功能。
3. 上部根盘尽可能露出，展现"大树缩影"的根部特征，同时修剪枯死的根，保留有活力的根部。
4. 有发展潜力的小枝，通过铝线蟠扎调整角度，使其争取更多阳光，同时顺应整体构图意图。

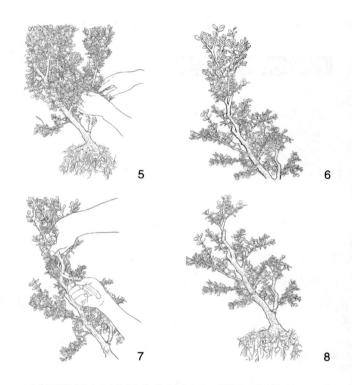

5.修剪腋下枝条和主干上的徒长枝,梳理整体脉络,同时构思盆景的构图方向。
6.通过上述修剪,观察发现该树主干挺生优势明显,整体重心前倾。
7. 舍去强势枝条,将重心降低,利用主干后侧枝条制造结顶,同时发展中部次级分枝,使其向外舒展,形成斜飘的姿态。
8. 整形基本完成,静待蓄养。

操作人:翁加文、翁子添

绘图:王玉娟

# 曾安昌: 半生风雨盆景作伴

曾安昌与岭南民艺平台采访者合照(图片自摄)

**受 访 者:曾安昌**

简　　介:曾安昌,1954年8月生,广东顺德人,曾任广东省
盆景协会会长。1981年退伍之后开始玩盆景;1985年结识盆
景大师陆学明,并在其指点下开始收藏花盆;1987年和陆志
伟等成立广东省盆景协会;2006年撰写书籍《石湾花盆》。主
持举办了首届广东省盆景协会会员作品展、第七至第八届粤
港澳台盆景艺术博览会、岭南盆景创作研讨会等大型展会及
"广东岭南盆景艺术大师""广东岭南盆景艺术家""广东岭

南盆景之乡"等评选活动。

**访 谈 者：**翁子添,张芷瑜,霍绮雯,张炳辉,吴艺,罗莉薇,

洪枫枫,许载迎,吴琼冰,陈芷欣

**访谈时间：**2017年7月20日

**访谈地点：**顺德容桂,翠湖山庄

**整理情况：**2017年8月整理

**审阅情况：**经受访者曾安昌先生审阅

# 1 半生风雨，盆景作伴

我的盆景有三个特点。你在我这里会看到传统的东西，这是第一个特点。第二个特点是玩（的）品种（多），好多树种别人不玩不好玩的，我都有。我现在这里光是我花园里面，你可以去点（数），就超过35个品种。一些别人不愿意弄的，我都有，比如榕树、桑树。还有我们岭南很传统的白饭树*，只有我这里有一棵。第三个特点是从大到小都有，大的要吊机才能吊起，小的我一手可以拿几盆。很多人都喜欢我这样的玩法。

每个人的素质和内涵不一样，做出来的东西就不一样。说老实话，你创作一棵树出来，基本就能看出你的内涵、你的素质，还有你的文化水平。到你家里看你的盆景就能看出你有没有病，生意行不行，家庭和不和谐。很简单，如果你身体有病的话，盆景跟你一样有病，因为没时间和精力打理，它就会杂草丛生。你的素质和文化水平不高的话，怎么创作都创作不出来，因为你的内涵有限，你的文化水平不行，你怎么创作呢？所以，从一棵盆景能看到你这个人的情况。我们这种生于（20世纪）50年代的人，经受的东西实在太多了，所以要用一些励志的、正能量的东西鼓励自己去奋斗。

我最初为什么搞盆景呢？是因为我爸爸是个农民。农民整天与这种自然的东西打交道，（如）瓜果、玉米、田地。当然,这些没有盆景这么美丽。我家是一个半工半农的家庭,我爸是农民,我妈在一个纺织厂工作。(二十世纪)六七十年代大家都知道的,生活一般般,很多家庭的(经济)生活都是比较紧张的。但是我发现做农民有一个好处:当时每个月是要拿十个工分,到年底结束每一个工分给一毛钱、八分钱这样子,每个月工作完他就记上你的工分,没有钱的。我爸有几分自留地种菜种瓜果,我妈在工厂有二十来块钱工资,就这样凑在一块过日子。所以,我小时候每天都到我爸爸那里去帮他种菜、施肥、拔草等。当然,做这些事情,一开始不是我的爱好,我不是自愿的,是被迫的,是生活所需。不过时间一长,慢慢地就对这块土地有感情,有兴趣了。菜种下去,每天管理,它就开花结果给你吃。从心底里对植物产生兴趣,因为你给多少精力进去,它就有多少收获给你。(我)从那个时候就萌发了对绿色东西的喜爱,从生活所迫到慢慢地爱上这个东西。我就是这样过来的。我这个人做事很认真,要不我不答应,一答应的话,我(就)要一丝不苟,我一定要全心全意做好为止。所以在五十几岁时,我不敢再做生意了,我怕一进去这辈子就完了,所以我逼迫我自己记住,见好就收。

我这个人是比较传统的,因为小时候家里对我们管教很严格,早上起来一定要在家里上香,打扫卫生,然后才能吃早餐。有客人来的话,爸妈是不让我们在餐桌(上)吃饭的,我们要拿着脸盆,右手扯条毛巾,请客人擦手,然后还得帮客人添饭，但我不能在这个桌子（上）吃饭。在家里已经习惯这种过程，慢慢我就喜欢这种传统的东西，所以你看我的盆景呢，都是一种比较传统的风格，我们叫"正型格"①。

我真正开始玩盆景是有一个故事的。我曾经是个当兵的，还好我当的是海军，和陆军比海军还没有那么辛苦。1980年退伍回来，我发现跟社会融不进去，军人作风很好，但就是个性很倔，总觉得跟人家沟通有问题，所以一直很闷，回来了也没有好工作做，就去了一个纺织厂。纺织厂全都是女工，那个时代跟现在不一样，现在我们大家都很容易相处，但是那个时候，"男女授受不亲"，所以我就更惨了，没办法去交流。那个时候（我）就很闷。我和我太太是偶然一个机会认识的，后来就开始谈恋爱了。我太太家在广州的清平市场，家里地方小，那个时候也没什么可以看的东西，到了家里觉得很闷，就跑到清平市场看东西。就是在清平市场，看到几个老头子为了一棵树（和）几毛钱在争论，争了半个小时还没争出一个结论来。我很感兴趣。因为我对植物也感兴趣，所以我觉得（这）真的有点意思。结果时间长了，到广州的话，我一定要到清平市场去看看，不管买不买，我就坐在那里听，慢慢就上瘾了，半毛钱，一毛钱买一棵树回来自己种，就从这样一个过程喜欢上盆景。

---

① 正型格，这里泛指岭南盆景中模范大树缩影的型格，如直干式、榕树格等，构图相对挺拔正直。

所以说，盆景，不是我去融入它，而是它陪伴我走过这几十年风风雨雨。我52岁就不做生意了，把精力放在儿子和女儿的学习上。现在我儿子一家都在香港生活，我女儿在英国攻读博士还没毕业，所以这几年（我）都在为他们这些小孩，希望他们能够接受更多的教育。但是我们觉得，小孩不要给他太多机会，接受完教育就完啦。所以我儿子在英国读完书，（回国后）在香港生活，我就告诉他，我说再有半年你要毕业啦，你要有意识地准备。毕业以后半年里，我可以给你伙食费，但是半年以后就没有（了）。如果你找不到工作怎么办，我还是会给钱给你，但是这是你欠我的，有机会是要还的。逼着他一定要走这条路。结果他毕业不到半年，基本上在香港找到了工作，现在也有三个小孩了。

　　2008年，我们家开了一个家庭会议，那个时候这块地不只有一栋别墅，是两栋别墅。我问我儿子女儿两个问题。第一个问题，快毕业了，你们准备怎么办。我大儿子表态说，因为习惯在英国的生活，已经融入那个社会十一年了，心里已经有了差距，没办法在中国内地工作，所以他说以后不回来了。第二个问题，如果父母不在了要怎么办，他说要做三个事情。首先把这个盆景卖掉，我说为什么，他说很简单，不会弄，如果再弄的话，（盆景）死了也对不起我们，卖掉把这个价值拿回来。第二，把我的别墅卖掉。他说，他和妹妹两个人不会住这么大的房子，也交不起这个租，而且也不愿意在这里生活，去广州或香港买一个商品房就可以啦。第三,马上要把我地下室里的所有古董处理掉,因为也不懂,也就是说在两三年以内把我们所有的固定资产全部换掉。我就明白了,我说,行,这样的话我做出一个决定:再过十天,中秋节以后,先把这个别墅拆掉。因为拆了以后,大家就都没有退路了,你不可能回来了,我要调整了,我玩盆景不够地方,其实也是为自己着想,我不拆掉就没有这个花园,也给孩子断(了)路,不能回来了。所以几百万的别墅被我拆掉了(来做盆景园)(图2-1、图2-2)。

## 2 夯实基础,积极创新

简单地说,什么叫作成熟的盆景? 你的创作要达到你的艺术水平。为什么盆景来于自然要超出自然呢? 有些自然上的东西不可能照做,也做不出来。但是有些东西我通过个人的艺术创作可以把它创作出来。比如说日本盆景的三角形创作,他们已经做到了。日本的盆景作品一丝不苟,可以说创作过程基本上(已)完成。包括我们在岭南培养的"一头二干三枝爪"[①],也是最基本的东西。但是日本的松柏类,从盆面树头到最终的培养,往往需要几十年、上百年。岭南盆景多杂木类,杂木类生长比较快,二三十年就可以。然而目前

---

① 一头二干三枝爪,即在鉴赏和创作岭南盆景的时候,将创作进行精要概括,将盆景的根板造型称为"头",盆景的主干布局称为"干",盆景的二、三级分枝技法称为"枝爪",用以衡量作品的整体协调性、完整性和艺术价值。

在我们中国的展览里面，真的没有几棵已经完全达到了成熟的程度。前段时间在番禺的展览，几百盆（中），不到百分之五是比较成熟的，一般都是处于培养过程中的。

对于养盆景的"捷径"，我建议可以找一个新风格，但不是颠覆，是走一个新意。走什么？最近可以参考马来西亚、印尼、菲律宾，他们的创作理念很简单（图2-3）。比如这个叠山的盆景（图2-4），这是一个新的创作理念。它在一个植物旁边放进去很多元素，比如说在植物后面挂一个已经干掉的艺术树枝，作为它的一个衬托；也可以在一个破烂的缸里种一棵树，理念是破土和冲破。这些新意的理念很适合你们年轻人，因为这样的创作不像我们几十年才能创作的"正型格"盆景，它几个月就可以完成。你只要走这个所谓"捷径"，除这个以外的，其他都不要走，所以这种新的理念现在都可以接受啦。我估计过个十年八年，年轻人真的都不愿意走我们这种传统的东西了，太慢太慢，反正都是艺术，为什么我不用这个拿来主义来做呢？通过这样调整，得出来的（成品）就很快，所以是可以走这种捷径的。但是如果要达到极致的话，一定要学好基础，基础很重要，有了基础以后，搞什么都可以。你比如说我现在搞了正型格，我要搞一个素仁风格（是）很简单的，因为我有这个基础了。我总觉得当今的整个社会发展太快了，整个社会都很急躁，做什么事情都希望一夜暴富、一夜成功。特别是现在在我们中国，在内地，在岭南，就

34

文人风格来说，素仁风格已经被错误地引用。他认为很简单，我买一批树，用个铁丝一夹，造型就出来了，这是错的。但是整个盆景界都是这样创作的。文人树，（学）赵庆泉*（的风格），（一看）那么简单，行，我三天搞定；素仁风格，（学）韩学年*（的风格），一天都不到就搞定，这些都是盆景界错误的想法。

盆景它不仅仅是单方面一个盆景而已，它还涉及园林、建筑、美学，还有植物学，对植物塑形的整个过程都要一环扣一环地进行。我们岭南那么多的植物种类，那么多的杂木（种）类，一方水土养一方树，它在我们岭南那么长时间是怎么生长的？为什么用这个杂木类去做？创作一个盆景，它关系到植物、土壤、肥料、管理，还有植物的美学，都是一个整体。除了植物以外，还有它的盆、几架，以及这个创作的过程。

盆景跟园林是息息相关的。你现在看我这个园林，如果没有那么多盆景的话，就没有那么漂亮，也不是说很漂亮，最起码我用盆景把这个园林衬托出来了，所以我觉得盆景和园林是很有关系的。虽然我不懂画画，但是我喜欢搞园林。之前我是搞房地产的，搞房地产要涉及园林。最早我对园林是比较喜欢的，所以我在家里搞的这个园林，全部没有图纸，都是我自己花钱慢慢去做的。

有盆以后还有几架。我也有玩几架，比如我的红木家具。我这个中厅全部都是用清末民国时候的红木家具摆设出来的。从盆景，到石湾盆、旧的红木家具、陶瓷，我都收藏。民间的东西收藏价值不是很好，你看人家卖掉一件（收藏品）就可以买我的所有东西。第一我没有那么多钱，第二还是要有个过程来慢慢学习提高。但民间的东西有个好处，是它不限于宫廷里的东西。以前中南海皇帝的东西，都有一个造办处在江西，他们所有的东西都是按严格要求做的。但民间的东西不是，什么东西都可以做，特别是石湾的古盆，只要是紫砂盆，江西的陶瓷、瓷盆，还有古董上的东西，石湾里面都有表现出来。因为不受官僚的约束，所以很丰富。虽然它价钱不是很高，但很丰富。我收藏这批石湾盆，要研究好的话真的不容易。

我有一个很大的教训。有一个瓶是我差不多十年前，用六万八买回来的，结果买回来以后才发现是赝品。六万多（块钱）买一个赝品。其实在这个赝品之前我也买到了一部分赝品，但不是很贵，几千块钱（或）一万来块钱，我都拿去砸掉。但是这个我就不砸了，告诉我自己：你没有知识没有水平，对这些陶瓷没有了解研究，这是对你最大的一个报复。这就是古董。其实因为当时第一我在网上买，网上看不懂；第二个他讲故事，他说要救命，要等钱救人，如果这个确实真的就是光绪（时）的，不要清三代，都要十来万（块钱），他很便宜，给我六万八，我相信他了。结果后来发现是一个很好的现代工艺品。我什么都砸了，就留了这个不砸掉，告诉自己这是一个教训。所以玩古董交学费真的交了很多，这个是我其中之一，如果我不说你们也不知道，因为都差不多。所以其实我们玩收藏的经历过的东西实在太多了，包括盆景。1981年我玩盆景，玩了八九年，1990年在广州烈士陵园参加了个活动①，回家看到我自己的盆景，一点心思都没有了，过几天叫一大卡车全部搬走了。所以玩东西都有一个过程，当然很希望这个过程短，损失不要太惨而已。所以你今天看到我的东西很好很棒，有时候好多朋友都说："哎呀，曾安昌你现在很好啦，退休啦，有一个很好的晚年生活。"但是我告诉你，我今天有这样的晚年生活，我的风采都是"血染"的。不经历这样一个风雨的话，你真的看不到彩虹。我身边高手很多，我就跟他们多交流，然后自己慢慢去学，只有自己学才能慢慢提高。

## 3　一枝一叶总关情

《香飘九里迎客来》②（图2-5）是1996年一个朋友让给我的。那个时候（此盆景）价格很贵，所有盆景界都说，曾安昌（是）神经病。因为当时这个是在佛山南海买的，南海所有玩盆景的人都说，简直不相信我买这棵树。因为我跟着陆学明\*大师，所以知道他这种迎客的飘枝风格，同时它是一棵九里香\*。你知道植物的东西呢，因为它是向光向太阳生长的，

①　指1990年10月12日，广东省盆景协会、香港盆栽会（香港盆景雅石学会前身）、香港青松观、香港圆玄学院、澳门盆栽会共同筹划，并得到中国农业部、中国花卉协会及广东省农委批准，由广东省盆景协会主办的首届"省（粤）港澳台"盆景艺术博览会在广州烈士陵园隆重开幕。这是新中国成立以来"省（粤）港澳台"盆景界首次联袂展出的盛会，也打开了岭南盆景对外交流的大门。
②　《香飘九里迎客来》是曾安昌先生的一盆非常有代表性的盆景作品，其后模仿者众多。2001年，此作品首次亮相第五届中国花卉博览会，好评如潮；2003年，再次亮相首届国际盆景·雅石博览会，并荣获金奖。

它往上长的话,随时随地长很快,但往下走的话,往往就是很慢很慢,植物就是这样一种情况。它这棵树已经长到能够有这样一个初步的形态出来,所以我觉得它不是一朝一夕能够种得那么好的,当时我用了八万几(买的)。1996年,八万几来买(一棵树),所以都说我是神经病。我真的很喜欢这棵树,我买回来这几十年里,它真的很精彩,而且陪伴我度过二三十年,真的有它陪伴,我才平平安安,或者说我真的度过一个又一个坎。很可惜的是,去年我自己家里发生了一件事,心情不怎么好,大概有大半年时间没去管它,我这棵树的飘枝死了一段。我(从)去年下半年抢救到现在,还是没了。我准备再过一两年(将其)重新下地,重新来创作。因为1996年到现在,这个创作风格已经完全不一样了,它这个树原来基础很好,所以我想利用它的基础重新来玩。可惜它比我走得快,这段已经没了,没关系,只要它不死掉,我慢慢地培养,明年发芽,重新再长一段来弥补。先救命,只要救活了就有机会再创作。所以你可以把它作为一个教训。这棵树不管怎样好,但是由于管理不善,才出现这个问题。(这就)告诉所有的盆景人,一定要有爱心,要好好(对其进行)保养才行,不然的话,多好的树都会出问题。因为凡是玩盆景都知道这棵树,所以我自己也压力很大,如果真的死掉了的话,我没办法向盆景界交代。

　　也许它也是一个缘分吧,告诉我有一分耕耘,就有一分收获,你没有(耕耘)就没有(收获)。这个是玩盆景的人一定要记住的,你没有那么多的耕耘没有那么多的精力放进去,它就要死给你看。这棵树目前在我们岭南盆景(界)是一个样板,已经有一百几十棵(树)按照这个在创作培养的。但是到目前为止,能够长得像这样效果的不多,很多胚胎还在培养(中)。你别看它看起来很容易很简单,其实越容易越简单的东西越难做,比如素仁风格,不要看它这么一点点,你要在里面读懂它,真的不容易。我们说,"一枝一叶总关情",每一个枝每一片叶(里)都关系好多灵魂,所以玩盆景,有时候真的你不进去不知道,进去以后你就觉得(有)很多学问。有时候我朋友问我,我就劝他(如果)现在学、现在才进去就不要(学)了,因为太累了,那么多好的艺术可以去做,你看我们都晒得黑不溜秋。

# 4 盆友交流,亦师亦友

玩盆景不能闭门造车,要互相交流。拿日本盆景来说,虽然整个日本盆景的风格很不错,也的确有很多优点,但是如果岭南盆景按照它的风格做,就意味着放弃了自身的东西(虽不放弃自我),但可以吸收一些有用的东西。现在岭南盆景界已经有人在做这件事,并且真正投入了实践,从水肥和管理的角度创新,从盆景修剪技艺(方面)改革。推动这些变化以后,岭南盆景在树形的加快成型、种养技术提高上又(向前)

进（了）一步。有一次，醉观公园*的一个和我很熟的管理员指着陆学明告诉我说，这个是大师。我问他是谁？陆学明。我一听，吓一跳，因为陆学明很有名气，很多地方都提到陆大师。那个时候刚刚入门不敢去跟人家大师谈这些。结果这个管理员就把他叫过来请教一盆树。这样我就在旁边听了好长时间。陆学明问我说："你也是玩盆景的吗？"我说我不是玩，刚刚在学。他说好，还和我讲了好长时间。那一天我问他介不介意请他吃顿饭，他答应了我。在这顿饭里（我们）就谈开了：他是怎么玩盆景的，家里有几个孩子，在1964、1965年他种植盆景和出口的事情。从这些地方不断产生了话题。第二次去我就直接到他家看他的盆景，他有一个大飘枝的迎客树，他会给我讲他的盆景和制作都有哪些概念。最后他对我最大的关照就是，有一次在醉观公园里，他要我买两棵树，买完以后才告诉我，醉翁之意不在这两棵树，在那对民国晚期的盆。就（是）我院子后面那对，直径一米零五。现在已经难得（有）那么大的一对盆。他告诉我：你有福气，醉观公园不容易卖这样的古盆。我记得当时我是一万二买下的古盆，1985、1986年的一万二。我去跟我岳父借了钱，又把自己所有的奖金拿出来才凑够了这一万二，现在这盆升值了。我也是从醉观公园相识后开始跟陆学明学习的，经常去看他创作盆景。慢慢地和他两个儿子陆志伟、陆志泉也成了很好的朋友，经常都在一

40

块,有缘分。

七八年前我搞了一个关于马尾松*的研讨会①,之后中国风景园林学会花卉盆景赏石分会对岭南盆景用马尾松创作盆景给予了肯定。因为这样一个研讨会韩学年红了起来,红到今天大红大紫。之前关于马尾松的创作不仅仅在外省,在我们本土都感觉不怎么样。有各种原因,第一,他是买最便宜的、人家不要的东西来创作;第二,他这个风格呢,所有下山的胚材都是带病的,插了就死掉了,因为在山上已经老态龙钟或者差不多这种情况,所以他后来玩了素仁风格。他个人的性格很不一样。所以你可以自己去跟韩学年聊,一定要第一了解他玩盆景的体会。他本来不买最贵的,但最后却买了一棵黄杨,是二十几万(块钱),为什么? 第二,为什么他喜欢素仁风格? 在海幢寺研讨会(上),我是冲着他对素仁风格(我们叫作"弄文玩素"②)的热情帮他去做这个事情(的),你要了解他玩素仁风格的体会。第三,你可以多了解他玩盆景和做企业(之间)的关系,他的盆景园放在他的企业里。这里面呢,除了有企业文化以外,还有玩盆景和企业的发展息息相关的关系,所以从这几个角度多去了解他。如果你也希

---

① 指中国松树盆景研讨会。2009年4月29日,由中国风景园林学会花卉盆景赏石分会主办的"中国松树盆景研讨会"在顺德大良品松丘盆景园举办。研讨会在中国风景园林学会花卉盆景赏石分会副理事长胡运骅、赵庆泉及中国盆景艺术大师胡乐国等人的倡导下召开,旨在探索山松盆景制作技艺。见《花木盆景(盆景赏石)》2009年第6期。
② "弄文玩素",即"弄文玩素"雅集,是从2016年开始,由韩学年、温雪明、谭汉明共同倡导并自发组织举办,旨在对文人树、素仁格盆景的创作进行展示、学习、交流。

望他谈一下对未来岭南盆景的发展特别是素仁风格的一些看法,他也比较有独到之处。什么叫素仁风格? 素仁风格它的含义在哪里?这些东西只有他最有发言权。

# 5　全世界的盆景艺术(都)起源于中国

全世界的盆景艺术一定(都)起源于中国,这是已经(有)定论的了。二战以后,日本整个国家在调整,他们几十年来整个盆景行业都在发展,很平步地发展,而且日本把盆景当作是国家对艺术的追捧,包括他们一些高官、平民都在做这个事情,所以它这几十年的发展比我们快。我们因为发生了"文革",在"文化大革命"这十年里面,中国的盆景(发展)基本上已经停下来。今天你看到我们整个社会上的盆景,没有多少很成熟的,包括经常去看的盆景展览(中的盆景),如果跟中国台湾地区,特别是跟日本比的话,它还是(处)在培养过程,还没成熟。因为中国盆景这几十年才刚刚发展出来,有时候我们培养一盆盆景少则十几年,多则几十年,真的很成熟的盆景不多。因为有十年的这样一个停顿,中国的盆景发展真正要讲的话,改革开放(后)这三十几年才发展得很快,特别是我们这十几年来的发展跟着经济同步提升。大家生活好了,有了经济基础,步子也迈得大了。特别我们广东这个岭南盆景,它在中国几个所谓流派里面是比较吸引人的,现在不仅仅是在广东,在全中国,在全世界,大家都知道中国有一个地方叫广东,它有一个岭南盆景,许多人一直在欣赏我们的创作思路,看我们的艺术。但遗憾的是,到目前为止我们还没有一本真正的关于岭南盆景艺术的很好的盆景书的翻译本,让外国人去了解我们。这个在目前为止是一个大的缺口。没有人有这个能力去完成这个事情。所以现在(虽然)很多外国人对广东这种创作技艺很欣赏,很想学习,但没机会、没条件。中国盆景艺术家协会曾经跟我说希望能够用岭南盆景这样一个基础去把中国盆景推广到全世界。当时我也认同这个想法。

中国台湾地区的盆景是三种艺术的融合,岭南盆景则完全是岭南地区的艺术。要了解我们中国的盆景,通过中国台湾地区,甚至日本都可以了解到一些事情。去年(2016年)的粤港澳台盆景艺术博览会①,足足拿了一百盆岭南盆景到海峡对岸去做展览,这是我们新中国成立到现在第一次也是唯一一次,确实不容易。为什么我们把这个盆景拿到中国台湾地区展览? 因为尽管海峡两岸都是我们中国的地方,但由于政治的原因,实际上要过去(展览)难度很大。(其中)一个原因是海关对植物、土壤的检验有很严格的要求。最后我们还

---

① 粤港澳台盆景艺术博览会,即第11届"省(粤)港澳台"盆景艺术博览会。2016年11月5日第11届"省(粤)港澳台"盆景艺术博览会和第二十一回华风盆栽展在中国台湾彰化县溪州公园联合举行。这是中国盆景史乃至世界盆景史上值得纪念的事件,是粤港澳台盆景艺术博览会首次跨越海峡,来到台湾地区开展,也是该展览首次在大陆以外的地区设展。本次展览,是海峡两岸盆景人的一次亲密相聚,更是中国盆景发展继往开来的新起点。

是去成了，因为在中国台湾地区人们很渴望能够看到广东的岭南盆景这个艺术，所以就很渴望我们能够过去。他们说，不管有多大的难度，都希望我们过去。我们接近一百盆的盆景过去，每一盆都是真正的中国岭南盆景，独特而（富有）诗情画意，确实很震撼。中国台湾地区有一点和我们不同，它受过日本几十年的殖民统治，多多少少使盆景也有一点日本的影子在里面。你看中国台湾地区的盆景，融合了日本、中国台湾地区和中国大陆三种不同的艺术在里面。

典型的中国台湾地区盆景，它很矮就出来第一枝托；整个是三角形的，是日本盆景的影子；"蓄枝截干"则是中国广东的特色。中国台湾地区它就是这样（三种特色）慢慢融入的一个艺术创作，所以现在基本上有三种影子在里面。其实这样也缺少了自己地区的特点。而在广东，我们的岭南，（盆景）完全就是一个地区性的艺术风格。所以要了解（盆景）的话，先多了解日本，然后中国台湾地区，当然欧洲国家也有很多盆景的创作，而我们中国盆景，应该说现在已经（发展）到了一个比较兴旺的阶段。全世界都认为，中国确实是（盆景）真正的发源地和创作发展得比较好的地方。特别是岭南盆景，只有它能够跟中国台湾地区、日本、欧洲和全世界比。传统的中国（盆景）有几大流派，岭南（派）、云南（派）、四川（派），还有江浙（派）、扬州派的一叠一叠云片，但这些传统的东西已经在慢慢消失了，特别是云南、四川、贵州这边一坨一坨这样的东西已经基本上没有了。扬州为什么要保存呢？因为它认为，这是我们扬州流派的特色，没有不行。但其实现在（只有）很少的人在进行创作。所谓几大流派，只有岭南盆景还有延续发展。在北方，盆景就以松柏类为主，但和日本的没法比，好多松柏类的都已经跟日本的有点相似。上海植物园里面，一大批超过一百年的五针松、大阪松（盆景），都是早期从日本那边过来的。

# 6 协会的发展与壮大

其实大家应该也了解了广东的盆景界。最早应该是广州盆景协会，因为广州当时影响力很大，而且整个广州地区的，包括中南五省的，都在向广州盆景协会看齐。后来就是陆学明的儿子陆志伟，他总觉得广州太窄，希望跳出来在珠三角玩，跟几个朋友成立了广东省盆景协会。

今年（2017年）是广东省盆景协会①成立30周年。随着改革开放，广州地方（土地）越来越少，盆景艺人越来越老，没有空间。（这30年）恰恰是广东省盆景协会扩张得最好的时候，从1990年在广州烈士陵园（举办的）第一次粤港澳台盆

---

① 广东省盆景协会，成立于1987年，由一批岭南盆景爱好者创立，现已发展成为会员分布全省各市县镇村的岭南盆景爱好者民间组织，是一支拥有十位中国盆景艺术大师、十三位广东岭南盆景艺术大师的技术队伍。通过定期、不定期与地方政府、大型企业三方联合举办展览的形式，提高省内盆景行业水平，整合和扩大盆景从业人员队伍，拉动盆景经济发展。

景展（起），不断有活动兴起，形成广东省盆景协会向全省发展的一个高潮。协会也由原来几十个人发展到今天1300多（人），是中国省级盆景协会（中）最庞大的一个队伍。而且通过几十年、几代人的慢慢发展，今天已具备了经济、技术实力。我们有一大批的大师、艺术家。在全中国，只要说在广东邀请（了）什么人去当评委，我们的艺术家、我们的大师，都是当之无愧的，都很受欢迎。

广东省盆景协会到了今天已经发展成一个全省范围的，在全中国都为人熟知、令人羡慕的一个协会。协会有几个好处，（第）一个是岭南盆景是这帮人创作出来的；第二个就是这帮人很团结，全中国的盆景界最团结的是广东省盆景协会；第三个的话，从第一届粤港澳台博览会到现在，第十一届了，一直延续到了今天。全中国所有的活动里面，这个平台是最强的。还有一个呢，广东省盆景协会因为它很团结，所以号召力很强，只要有什么活动，全省八十几个协会，都过来报名参加。现在广东省盆景（协会）跟全省八十几个协会没有管理与被管理的关系，它（们）是不同的一个一个组织。你是当地的会长，你就当会长，跟我们广东省盆景协会没关系，只不过因为你这个会长也参与我们广东省盆景协会的活动，也应聘当了我们广东省盆景协会的副会长，就有了这样一层关系。

广东省盆景协会通过这三十多年的发展，到今天成为很强大、很有水平，而且艺术（成就）很高的一个团体。如果以后你们去了解这方面的东西，一个是广州盆景协会，一个是广东省盆景协会，有很多这方面的艺术人才和艺人。今年（2017年）9月底我们准备在中山古镇搞一个第二次的会员展①，成立那么多年才第二次。估计有接近1000盆盆景去参展。然后我们把历来评为艺术家、大师的100个人的盆景展览出来。你是大师，好，今天我要你拿你的作品出来，检阅你的作品，看你的艺术水平怎么样。这时，大师、艺术家就有压力：我要怎么才能拿一盆好东西出来？我不是献丑啊，我怕丢脸啊。有时间你们可以去看看，这是大师的展，很震撼，你会看到岭南盆景艺术，也希望从这100个盆景艺术家的作品里面，能够看出来。

长远的话，希望原来1990年的第一届粤港澳台（盆景艺术博览会）这个平台能够传承下去，因为这个在全中国包括中国香港、台湾和澳门地区都已经很有名了。希望能够延续下去，也是因为这是一个很好的平台。另外我们也希望通过建立一个网站，作为以后的第二平台来发展。现在年轻人不是像我们以前到清平市场去买，用网站平台来交流、流通会更好。还有就是，2014年我已经确定第二批进入我们这个团

① 2017年9月29日至10月5日，2017年广东省盆景协会成立30周年会员作品展于新落成的中国灯都盆景园举办，同时举办的还有中国盆景艺术大师、广东岭南盆景艺术大师、广东岭南盆景艺术家精品展，共有900多盆精品盆景参展。

队的年轻人，所以现在实际上我们团队有五十几个人，到明年可能有一半要退任，让年轻人上去。这个协会实在太庞大，也太复杂，协会里面看起来很简单，其实要管好的话真的不容易。要找一个人能继续传承整个协会的光荣传统，到现在还没找到，最合适的还是我。2014年我在东莞搞了一个和换届有关的活动，我告诉所有人，这是我的最后一任，我希望这一届能够很好地培养一班人，吸入更多年轻人进入我们这个班子。我明年届满下台。现在（广东省）盆景协会人才已经足够了。明年以后，我从盆景行业转入盆景收藏，慢慢去自己玩，差不多啦。

图 2-1　曾安昌盆景园 1（图片自摄）

图 2-2　曾安昌盆景园 2（图片自摄）

图2-3 菲律宾盆景艺术家Sonny Luna 的作品。(来源：https://www.pinterest.com/pin/127930445649267605/)

图2-4　与叠石、瓷盘结合的盆景摆件（图片自摄）

图2-5　曾安昌作品《香飘千里迎客来》(图片由曾安昌提供)

# 盆景技艺修剪示例

## ● 九里香换盆与修剪

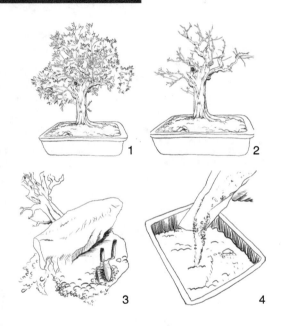

1.这盆九里香以岭南盆景中常见的"大树缩影"为构思,以金凤花伞状的树形为原型,表现参天大树的舒展枝干。

2.目前二级分枝基本成熟,需要进一步培养下一级分枝,因此需要对整体枝叶进行"脱衣换锦",选择清晰的枝干脉络,同时修剪根系,更换盆土,为下一阶段的生长做准备。

3.植物修剪除了枝叶的修剪,根的修剪同样重要。特别是盆景的根系生长空间有限,在培育过程中,对根部的修剪有助于新鲜根系的萌发。同时,植物基部根盘的修剪也有利于表现大树自然遒劲的根盘。

4.新基质主要由沙、塘泥、泥炭土等组成。沙砾经过筛选,粗细分离。基质需要分层倒入盆中,越粗的基质越先放入,以便底层基质排水通畅。

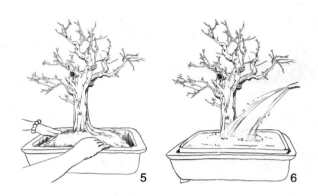

5. 植物放入盆中时,注意方向的选择。盆景的正面需要同时考虑枝干和根盘的整体配合,放入盆景后压实底部土壤,再加入周边沙土。

6. 浇定根水。为了避免淋水过程中将土壤冲走,培育过程中在盆边缘加挡土,等待未来根盘发育完善,再逐渐减少表面土层,露出根盘。

操作人:翁加文、翁子添

绘图:王丹雯

# 韩学年：盆景是没得回头的艺术

韩学年与岭南民艺平台采访者合照（图片自摄）

**受访者：韩学年**

**简　　介：**韩学年，1949年8月生，广东顺德人，中国盆景艺术大师。1982年开始学习盆景。受顺德盆景氛围影响，自幼对盆景有一定喜爱，具备条件后更是对盆景有所追求。其作品以山松为主，作品从选材到构思形式多样，拒绝随波逐流，力求表达自然野韵。

**访谈者：**翁子添，张芷瑜，霍绮雯，张炳辉，吴艺，罗莉薇，洪枫枫，许载迎，吴琼冰，陈芷欣

**访谈时间：** 2017 年 7 月 21 日

**访谈地点：** 顺德，品松丘

**整理情况：** 2017 年 8 月整理

**审阅情况：** 经受访者韩学年审阅

# 1.盆景是没得回头的艺术

　　小时候我就接触花草。我读一年级的时候,父亲买过几棵水横枝水养。以前的水横枝,多把它剪成有手有脚,枝做成手,根做成脚。那时候会买一些陶做的公仔头,有男有女,插入那个水横枝,那个树看起来就有手有脚了(如图3-1、图3-2)。那时候盆景不叫盆景,叫"树仔头",还没有盆景这个概念。展览也不叫展览,叫什么呢,叫"摆古树",古老的"古"。那时候过年过节,时有摆古树。现在叫作"摆展览",我们以前叫作"去睇摆古树"(去看摆古树)。(我)真正玩盆景还是受我大哥影响,他比我先接触盆景,大概比我早五六年,玩着玩着,我也有兴趣玩一下了。

　　玩盆景跟其他艺术不一样,比如书画,你有基础,你怎么写那些字都是好看的。但盆景不一样,最厉害的师傅,没有好的树胚,(也)出不了好的作品,树胚是先决条件,再后来才是你的变化。你(有)再好的技术没有好的树胚,你也搞不好作品,当然,对树胚的审视发掘也要有眼力,这眼力也就是盆艺基础。如画画,给你笔,给你张纸,你可以画出很靓的画,这里不满意,或再不行也可以重新画过。搞盆景就不同了,剪错了几年才长得回来,你有多少个几年? 没有了。所以盆景是没得回头的艺术,基础搞不好你就永远搞不好的。

玩盆景,我玩到现在这种程度,你们说我有点成绩,但其实付出和收入完全是两码事,这么辛苦几十年搞一盆树出来,拿出去(卖)一万几千(块钱),几万块已经(是)很厉害的了。那和付出划不来,一天算你一毛钱(应为"十几块")浇水费吧,加起来都不止一万几千(应为"几千块")啦,所以盆景付出和收入是不匹配的,纯属爱好。

## 2 "弄文玩素"

素仁盆景①是六七十年前的东西,之前也不是很多人玩,知音少。但是这几年稍微多点人玩了,由十来人发起组了一个群,叫"弄文玩素"。慢慢地(十年前)有杂志宣传,开始还有"盆友"不解什么(是)"素仁格",还说这叫法是我作出来的,真正被人认可可能是2010年吧。其实素仁格盆景比较多人接触,可能也是(在最近)四五年之间。也就是我们南方,外省现在还是很模糊,少人玩。究竟它是属于文人树②还是素仁格,不一定搞得清楚。

关于素仁格与文人树的关系,严格来说是"形"同,所属文化相同,源头相同。但是它们内含的东西还是有所区别的。文,指文人、文意,这个"文"是很广泛的,但是素仁突出的是

① 素仁盆景,是岭南盆景一类特殊的型格,由素仁大师开创。
② 文人树,广义上指能体现孤高、淡雅的文人艺术精神的盆景,树形不一,其常见基本特征如孤高细瘦的主干、简洁稀疏的枝叶、强烈的线条要素等。

禅意。文人树和素仁树最大的区别，就是文意和禅意，这两个是很难界定的，每个人有每个人的看法。但有一个很明显的区别是，文人树相对来说还是比较随性，多一点少一点都行。但是素仁格一定要像它的名字一样，素，就是要简洁。简洁到怎样呢？用素仁和尚的话就是"多一枝嫌其多，少一枝嫌其少"，多和少这个范围怎么把握是没有标准的，全靠自己把握。

素仁格没有准确的标准，但我们知道素仁树它很少（为）矮树，它不会（是）粗壮的，特征是清秀、高瘦，简单来说，简、洁、稀、疏，这些是素仁树的基本特征。再就是它的枝托一定要高，出托在树干的三分之二以上。但是现在，玩（素仁）盆景的很多还是处于初级阶段，很多都不知道枝是多好还是少好。

岭南盆景还有一位先师叫孔泰初。孔泰初和素仁刚好是两个风格，玩的艺术不一样。孔泰初（玩）的是矮仔大树，密密麻麻的，枝托多。素仁呢，就要高高瘦瘦的，很简的。两个不一样，为什么（都）能成为我们岭南（盆景）代表的东西呢？就是（因为）他俩的树都富有当时风格特色，与常人有别，并引发后来者学习（图3-3、图3-4）。

素仁树很少人玩。我接触素仁树其实就纯属爱好。（要不是）你们采访，其实我平时少言寡语的，真的。因为我个性是不喜交往，是一个很简单的人。你看我算是小老板吧，其实我很简单的，很随意，吃穿行都是，但住就要整洁点了。这就是个人的性格。素仁树和我的个性很像。我觉得这种树其实简简洁洁挺好看的。为什么有人觉得不好看你（却）觉得好看呢？个性与爱好问题咯。它（素仁树）是很脱俗的。脱俗就是不随大流。你看一般的树，很多横枝。素仁和尚一看就是不同常规，别具一格的。

我玩盆景是消遣。不要说现在，我打工仔的时候都从来没有想过在这里（盆景）赚一点钱。我觉得，这是消遣。人家有空就打麻将啦，饮酒饮茶大家聊聊天啦。这几样我都不懂。那你要找自己的个人生活乐趣和空间，你不能整天躲在一边。所以我33岁的时候开始玩盆景的出发点就是想退休的时候有点事打发时间，真的。

其实我玩的树型很多的。但是不会一开始玩盆景就玩素仁。就好像你们想玩盆景，一开始就玩素仁格是不行的。素仁实际上，它对技艺要求是很高的。就好像是画画那样，简简单单两三笔。齐白石那样的意笔画（写意画），你没有一定的基础，是不行的。因为它没得遮掩。其他树的枝条状态不理想，就让它长密一点，遮丑，藏拙。素仁树它是一丝不苟的，没得遮丑。学盆景，不要一来就想学素仁，就算你玩，你也玩不出好东西，因为基础没打好不行的嘛。

我们岭南习惯把树的形态称作"格"，如榕格、木棉格、柳格、梅枝格、风吹格，这格是树的形格。但素仁格的"格"是指风格,不是树格。素仁的作品个性明显,有别于常人。了解素仁格不应只看他(素仁大师)的作品,因现留得的也只(有)五个存图,但他的一篇短文①把他自己弄树的个性爱好说得很明晰。这文是在上世纪(20世纪)60年代初广州一个学术研讨会上他的一个发言稿,玩素仁树的人最好能读懂、领会它。

我不单玩盆景,做事什么我都不喜欢随大流。素仁格很少人搞,其他的树很多人搞。那我觉得素仁格确实挺好的,又少人玩,所以我就玩咯。还有一个是山松,我玩得早一点,多一点,选桩怪一点。玩得好不好,人家评议啦。

所以我玩素仁呢,也是出于这个,少人玩,不随大流。我看中了素仁这个风格,有自己的个性。

素仁格玩到现在呢,就比较多人玩了。因为(大家)觉得挺好的,然后就组成了这个"弄文玩素"群,玩过两次聚会。第一次是(2016年)8月底在新会。这次是国庆节搞。由于两次活动,给爱好者一个很深的印象,特别是曾安昌。他(一开始)不玩素仁树,但也有爱好,他看了群友的活动效果不错,提出说搞个研讨会②,因为知道有影响。再加上胡运骅*,在

①　该文指的是素仁大师的《我对盆景艺术独创风格的尝试》。1960年,上海、贵阳、昆明、南宁、厦门、广州、佛山、汕头、新会(现新会区)9个城市,在广州市越秀公园联合举办盆栽艺术展览,并举办了盆栽经验交流座谈会,各地代表都踊跃介绍了各自的盆栽艺术特点和创作经验,广州代表孔泰初、素仁、莫珉府、蔡俊生等也在会上发言,畅谈了盆栽的心得和经验。会后,由广州市园林处将代表们的发言加以整理,编印成册。见陈金璞、刘仲明编:《岭南盆景传世珍品》,广东科技出版社,1998年。
②　即2017年岭南"素仁格"盆景艺术研讨会。

盆景界比较出名,平时对我的素仁格评价也认可,这次也是看了群友活动作品后对我说应搞个研讨会。两个有头面的人不约而同都有这样的意向。那我就说,你们两个头(儿)都说要搞了,那你们拍板吧。不过当时没有定在海幢寺的。因为我对海幢寺是很仰望的,很希望可以去一下海幢寺了解一下素仁的人生阅历。但我有想法却没行动,没那个胆量。因为这么清净一个圣地我哪敢? 直到去年(2016年),我们筹备过程中,我首先提出了,能不能在海幢寺搞这个活动。一提出这个想法,个个都说好。通过谢荣耀,得知他们协会有个海幢寺的和尚。通过沟通,曾安昌、谢荣耀、黄就伟*与我到海幢寺商谈,与光秀大和尚*聊起来。他很高兴,也一直想将它(素仁盆景)作为海幢寺文化重新搞起来。他也知道有个韩学年玩这些(素仁盆景),曾想法找人接触我。两边都很好聊,很乐意办,似水到渠成。参加这次研讨会的名单,大家都很重视。光秀大和尚请了广州市民族宗教事务局的正副局长、处长。我们(将此研讨会)当作是发掘、宣传海幢寺的文化(的一次机会),这方面的影响可能比我们(盆景的影响)还要大(图3-5)。

## 3　素仁格是岭南盆景的骄傲

实际上,文人树和素仁格是孪生兄弟,谁先谁后很难讲清楚,亦无须分辨吧。只是可能我知识少,也是先听素仁格名早于文人树名。(我当时在)书刊看到的(素仁)作品也是早于文人树,更有创始人素仁和尚,又有代表作品图存,有当时的一帮树友。既然中国的文人文化已经有很久的历史,现在称的文人树树型相信历史上已有。

那有个问题是什么呢,岭南的人不善于张扬,没人爱讲话的。真正宣扬"素仁"的是谢荣耀老师(的)那篇文章①,20世纪90年代开始,慢慢讲出来、写出来。但以前的人,靠口头、口口相传,文字记载就很少。那好了,你不宣传,别人宣传。你广东一个省和外面十多二十个省比,别人二十几句,你只有一句而已,你就不够别人讲,就出现这样的情况。我们岭南盆景人都不张扬,素仁树必然淹没,就只会有文人树,讲来讲去也是文人树。我也写过几篇玩素仁树的记述发(表在)《花木盆景》②杂志(上),不知道你们有没有看过。将素仁树说成文人树,我觉得是不应该的。所以这次海幢寺办研讨会,告诉别人我们是有根有据的,这就好讲话了。再加上我们有作品出来给人家看,那就不一样了,所以这次影响会很大。但是(最终)决定的还是它的宣传。素仁是有历史的,有资料的,有档案的,是值得宣传的,这是岭南文化。就像你们宣传

① 指谢荣耀先生的文章,《二杰携手开先河,殊途同创岭南风——谈孔泰初、素仁的盆景技艺风格》,发表于1990年第4期《广东园林》。
② 2012—2013年,韩学年陆续在期刊《花木盆景(盆景赏石)》开设专栏《老韩说素仁》,分享自己培育素仁格盆景的心得体会,包括《"素仁"与"文人"》《"禅意"与"文气"》《盆景奇葩——素仁格》等系列文章。

岭南盆景，可以抓住两个，一个素仁，一个孔泰初，这两个是奠定岭南盆景的重要人物，两个都少不了。

孔泰初的影响很大，但是影响这么大，为什么别人不叫他孔格呢？我估计孔泰初主要是（在）总结业界的基础上开创了蓄枝截干的技法，这只能说是开创了一个技艺，不能说开创风格，但素仁和尚玩的树，脱俗不随流，高瘦简洁个性独特，才叫他"素仁格"嘛。在全世界盆景界，我估计，中国是肯定的了，只有一个树型是用人名来命名的，唯一一个。这个是我们岭南盆景的骄傲，也是中国盆景的骄傲。它具有很明显的民族风格、民族特征，这个很值得作为中国盆景对外宣传的一个名片。

2012 年在中山古镇（有）一个展览①，我是以素仁格的名义送了一组作品参展，说影响也有点影响。日本有个叫小林国雄 * 的盆景师，世界都是闻名的，去看了展览。他回日本发表了文章，认为这些素仁树只是靠三两枝代表整棵树，在外国是没有的。外国承认你这个特征是不简单的。不管好还是不好，但起码是个特征。那去年（2016 年）我们搞了个活动②，走廊（里）摆了几十盆素仁格盆景。老外来了，是胡运骅专意带来看树的加拿大蒙特利尔植物园的几位女士，（其中一个）看到后哭

① 2012 年 9 月 30 日至 10 月 4 日，中国盆景艺术家协会和广东省盆景协会共同主办的"2012 年（中山古镇）中国盆景精品展暨广东省盆景协会成立 25 周年会员盆景精品展"在中山市古镇中国（中山）南方绿化苗木博览园举行。
② 指 2016 年 10 月在顺德品松丘（韩学年盆景园）举办的"弄文玩素"盆景雅集。

（了），她惊叹说从来没见过这样的作品，所以不由自主有点冲动。

## 4　多一枝不能多，少一枝不能少

媒体上不少人都说韩学年这些（盆景）都不是"素仁格"。觉得东西也可以，但是它不是素仁格，套一个名字，"韩格""韩松"也好。我当然不提倡别人这么叫，我死后怎么叫又是另一回事。我现在还没觉得自己（是）标新立异的。所以说不是"素仁格"，我认为是件好事，特别对外省的。第一，他知道韩学年的（盆景）不是"素仁格"，那他首先知道，是有个"素仁格"；第二，韩学年的（盆景）不是"素仁格"，他起码知道什么是"素仁格"。这等于说"素仁格"是有个标准，有个规范。

我在我的一篇文章①里也有讲，我学习素仁盆景，不是照样画样，而是想图"新"，怎样才能图"新"？　素仁留下 5 张照片，只有 5 张，但是这个不完全代表素仁的东西，为什么呢？以前拍一张照片很艰难的，不像现在。以前可能搞一个展览才能拍，所以有很多作品是拍不下来的。另外，拍的作品里面，也不一定是最佳的状态，树是会变化的。那你将它定了格，那 5 棵才是素仁玩的素仁格，你玩其他就不是素仁格了，我 100 多盆只仿三五盆，那如何弄？　那就麻烦了。

---

① 《我玩"素仁"》，发表于期刊《花木盆景（盆景赏石）》2013 年第 7 期。

我是没宗教信仰的,心里都没有佛,你怎么学素仁的东西呢? 我承认,内涵的东西是我永远学不到的。外在的东西是有得学的,就是抓住素仁格"多一枝不能多,少一枝不能少""疏简适度"。这个适度,你要掌握好它的瘦、简、洁,这些是素仁格的特征。六七十年前的要求和现在审美观是不一样的。但是可以抓住"简、洁、清、瘦"这个原则。素仁树没有悬崖的。我什么型都试玩,好像那棵水横枝(图3-6)。它不是素仁作品,但是它是素仁型格,我是学了风格。除了水影,甚至有一些树,跌枝下来,素仁是没有的。你可以突破他嘛,外表的东西,能够学习。内涵的东西,深不可测。他是一位和尚大师,我是一个普通的人,哪里有那种意境呢。一个无欲无求的人才能做成这么清瘦的东西。中国那么多和尚,海幢寺那么多和尚,怎么就只有一个素仁搞盆景搞出名,搞了这样一个风格? 不是说你有思想有文化就能搞成,你还要有这个爱好。中国那么多文人,那么多画家,怎么都搞不出盆景名堂呢? 文人(为什么)做不好文人树呢? 并非是文人就(能)搞出文人树的,最"紧要"是有这个爱好,再加上艺术,需要一点点天赋(图3-7)。

## 5　欲速不达,青春不驻

马尾松我们以前叫它山松,再早点叫岗松。岗,山岗的岗,我们小时候听老人家讲就是讲岗松。为什么我喜欢呢?

我小学读书的学校就靠着山，山上种很多松树，我们同学课余常在松树间游玩，可能是先入为主吧，不知不觉对山松有个特别情感，有个先入为主（的观念）嘛。到了后来玩盆景的时候，就爱上玩松，山松岭南（盆景）界一直有人玩，但我是近些年算比较专意玩的那一批人。相比较，我是中意玩那种奇形的，怪状的。所以买树呢，我是不会跟别人争的。有些确实是很难搞的，买回来搞到现在还是（有）不好看的。但我有一个特点，就是不随大流。你看我的树，棵棵都是不一样的形。别人的树，棵棵都长得差不多，千篇一律，像克隆那样没个性。看一棵很有趣，但你看到两棵三棵都那样，你就没兴趣了，看过你就不记得那棵树长什么样的了。所以我买树，棵棵都不一样。主要是没这个形我就买回来，搞不搞得好是另一回事，是日后的事。但是我知道，随着时间（的推移），它必然有提升，（只是）提升的高度是怎样而已。我是抱着这样的想法买回来的。

我玩的松树跟别人的不一样，我是以自然（形）为主。自然呢，不是要这里上下左右都齐，它原来没有的（枝条）就任由它没有，确实没了就不行才加上去。所以（嫁接）我有用，但我不多用。我也不懂也不爱扭筋折骨地对树干做改形，我的松干身都是天然状态，做艺只是枝托调育。

山松的控针，我在文章①里用了个标题——"山松控针，欲速不达，青春不驻"。学玩松树，你就先不要想控针。一控针它就长不大了。山松的针长是基因（决定），要短是人为干预它，限水限肥它就发育不了咯。如果你长期不让它发育，那这棵树就不成型大不了了。所以山松控针，必须（等）养到它大，成型了，你才去控针。所以欲速不达。青春不驻，（指）控针只是一段时间，一定时间还是会长长，到了某个时间你就必须大肥大水把它重新养壮，所以说青春不驻。不要只看别人的照片，哇，为什么它的针这么短？看展览，哇，针这么短？这个是观赏时期。就等于结婚的婚纱照，当然是最漂亮的时候拍的啦。过了这个黄金时间，你一样是老就老了。

# 6 超脱别人做的常规

你们看到我用钢化玻璃来做花盆（图3-8），还有其他很特别的花盆，这些其实又是讲回到那个理念——超脱常规。钢化玻璃拿来做花盆这个不能普及，但起码我有这样一个意识试一下。搞一两棵，但是不能多搞，开阔自己的视野。玻璃现在没人用；木有人用，但是我是用木条拼起来的不是用木板，（其他人）未见过。我搞榕树，搞了两棵，一棵叫"生存"，

① https://mp.weixin.qq.com/s/fXULkSLiP5Awimt1R8xa8w

一棵叫"适者"（图3-9）。"生存"是1988年搞的，"适者"是1998年搞的。问世30多年，各地我都没见相似作品①展示。这个反映了一个问题：第一，可能没人接受这个型格，人家不认同，如果人家都接受，好像衣服那样，一流行起来，大家都会抢着去买哦；第二，有难度，不敢涉足，这个难度就在于，只有榕树才适合这样搞，榕树只有南方有，北方搞不了，这是先决条件。所以网上有人说，除了榕树还有什么树种可以这样搞吗？我说没得搞，只有榕树。你们要看到榕树的适应性，你看墙头，榕树是这样生长，这是自然格，有这样的自然景象，能不能在盆景里面塑造出来呢，没见过，它表达的就是树的适应能力和姿态美。榕树根的生长需要水，需要不断地延伸。由于各种原因，它的根交叉盘旋，凸显出它的美感。怎样表达这个呢？启发到我的是一本美术杂志《广州文艺》，（其中）有一幅国画，描绘的是榕树的根，它的题名就是"适者生存"。这幅画就启发了我。我原来也是有这样的想法，好，那我就试做，有构思，就去行动。但问题来了，你怎么搞一个残壁破墙出来呢？没有这种盆的嘛。所以你要去想咯，怎么去做咯。我搞盆景很多时候就是这样：素仁格，没什么人玩；木麻黄苗，落羽杉的苗，没见过别人玩的，又是我玩。刚才说

---

① 采访时间是2017年，当时未有该风格作品展出。2019年9月在广州市番禺区沙湾盆景协会第五届盆景艺术精品展上，已经有类似风格作品问世，代表作品为何汉杰先生的六角榕盆景《古镇遗韵》。

的,钢化玻璃做盆,木条做盆,没人玩,甚至是石板的,我试过石条做盆的。思维要开阔一点。你们看看我这里(茶室屋檐),你们以为是下雨,其实这里是我设计的水景,这里的滴水快(了)就不好看了。这个涌泉,这个水是跌下来的,那个是滴下来的。这个滴得慢,那个滴得快,又是不一样的。那里面有个洗手间,有点特别,外地朋友聊树常提起,(对这个洗手间的)印象比对我的树深,没见过这样的厕所,不是(因为)奢华。你们等下出去,看一下门口的门卫室,你不要忽视了这个文化,员工的工作环境,里面有空调,这些是小事。但是它的外形设计,四周全部空的,四面看得通的。我又不是这方面专家,但我有一点先天爱好——不随流。所以一个这么简单的东西,你要把(创新的)思维放进去。

图 3-1　广州海幢寺花园的古树瓦头人形盆栽（俗称"守门大将"，简称"门将"，摄于 1902 年，图片来源：https://www.hpcbristol.net/visual/jc-s070）

图 3-2  刘仲明老师手绘水横枝图（来源：刘仲明、刘小玲编著，《岭南盆景造型艺术》，广东科技出版社，2003 年）

图3-3 孔泰初作品《九里香》[图中的盆为石湾绿釉六角盆（清初），图片由刘少红提供]

图 3-4　素仁《春初 - 蜜梨》（图片由刘少红提供）

图 3-5　2017 年 9 月 28 日在广州海幢寺举行的岭南"素仁格"盆景艺术研讨会（图片自摄）

图 3-6　韩学年水横枝作品（图片自摄）

图 3-7　韩学年演示修剪素仁盆景（图片自摄）

图 3-8　韩学年作品《退耕还林地回春》（使用钢化玻璃做花盆，通过明亮光洁无沿边的玻璃"盆"，扩展了联想空间，表达出作品的主题：地域的辽阔，还林的规模效应。图片由刘少红提供）

图 3-9　韩学年作品《适者》（图片由刘少红提供）

# 盆景技艺修剪示例

## 罗汉松修剪

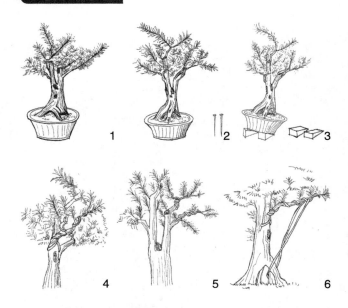

1. 这是一棵罗汉松胚材，在修剪前需要观察构思，选择合适的观赏角度和面向。

2. 将两枚长钉钉在所选择的正面盆面，通过两点确定直线的道理，确定观赏面，方便修剪时随意转动盆面，回到观赏面。

3. 根据盆景根部和主干长势，发现该盆景未来需要倾斜一定角度种植。这时可以通过三角形木楔子垫盆底一端，将盆景调整至理想的角度。

4. 用铝线从枝干分叉处开始缠绕，对枝条进行绑扎和造型。铝线先紧贴枝干缠绕，后根据需要固定枝干方向和姿态。

5. 通过修剪顶部枝条，一方面使盆景整体重心下降，另一方面抑制顶端优势，为结顶选择合适的枝条。

6. 部分枝条需要通过铝线控制方向，使其横向舒展，这时可以使用铝线连接树桩根部和需要往下带的枝条，用木棒卡入铝线，然后旋转，两股铝线随之缩短，以调整枝条下拉程度。

操作人：劳辉
绘图：罗莉薇

# 陆志伟、陆志泉：
# 我们和爸爸学盆景学做人

陆志伟（左五）、陆志泉（左六）与岭南民艺平台采访者合照（图片自摄）

受 访 者：陆志伟、陆志泉

简　　介：陆志伟，1948年12月生，广东广州人，中国盆景艺术大师，现任中国盆景艺术家协会副会长、广东省盆景协会副会长。出生于盆景世家，自小受其父陆学明盆景艺术熏陶，自1960年代开始与弟弟陆志泉一起跟随父亲从事岭南盆景艺术行业，熟练掌握岭南派盆景的栽培、造型技艺。理论上提出盆景创作应依据"自然树理"加以"艺术渲染"及"胸有成树的想象力"等创作原理,并总结出多种改造有缺陷树胚的技法。历年来参加中国各地盆景展览并多次获奖,还多次担任盆景展览评比裁判。2001年获"中国盆景艺术大师"荣誉称号。1999年其创作的福建茶盆景《斗罢罡风》荣获,99澳门杯全国盆景、雅石、花卉精品展金奖。


陆志泉,1950年生,广东广州市人。中国盆景艺术大师,现任广州盆景协会副会长兼技术部部长。出生于盆景世家,其父是中国盆景大师陆学明,其兄是中国盆景艺术大师陆志伟。他创作的朴树盆景《郊外的趣韵》荣获2006中国沈阳世界园艺博览会盆景艺术展银奖、九里香盆景《岭南古韵》荣获第七届中国盆景展览会银奖。与罗泽榕主编出版《盆景制作与养护(南方本)》一书。2005年,被建设部城建司、中国风景园林学会联合授予"中国盆景艺术大师"荣誉称号。

**访 谈 者:** 翁子添、张芷瑜、霍绮雯、张炳辉、吴艺、罗莉薇、洪枫枫、许载迎、吴琼冰、陈芷欣

**访谈时间:** 2017年7月22日

**访谈地点:** 广东省广州市芳村

**整理情况:** 2017年8月整理,2018年1月修改,2021年10月定稿

**审阅情况:** 经受访者陆志伟审阅

# 1 我们和爸爸学盆景学做人

| 陆志伟：盆景世家我们可以说是实至名归的了，我已经是第四代了。当然，我太公和爷爷就不是那么专业的，因为以前没人搞专业的盆景，那是很难生存下来的。他们那个时候就搞很少的盆景，但到我爸爸陆学明，他十一二岁思考将来做什么时，就下决心去做专业的盆景。他说以前那些（盆景）不耐看，很呆板，一定要改革。我爸爸那个年代没有人搞专业的盆景，而且以前的环境是爱好者多，生产经营者甚少，他都能够下决心搞专业的。当时这个圈子很窄，我爸爸刚好和孔泰初这些个别的爱好者想到了一起。那我爸爸做专业，就变得有一个平台。我们小时候就整天见到他们聚集在我们家。所以说我们家可能是岭南盆景的摇篮，这个平台在当时就很难得，因为没人搞专业，只有我爸爸搞专业，多艰难他都坚持下来了。另一个平台是广州流花湖西苑盆景园。西苑成立之前，我们家就是他们（盆景人）的聚集地。

这种东西（盆景）始终都有一个共通的审美眼光，就算存在差异也是某一个局部存在差异，在总体上大家要有一个共通的观点。比如说其他流派的东西，我就没怎么做。我们都接触过他们聚集在一起的那个场面，包括孔泰初老师。虽然孔老师去了西苑以后就（很）少过来了，差不多就每个周末

或者隔一个礼拜会过来我们这里聊天。好多时候他会到广州清平路去买个树胚过来，找我爸爸帮他改。我爸爸就是中午或者傍晚下了班以后才有时间帮他做的。可以说我爸爸他就是抗日战争逃难的时候停过（搞盆景），其他时候就没停过了。

新中国成立初期，（玩盆景）是不给你搞单干的。那么当时就只有两条路，一条（是进入）园林局，（广州市）园林局欢迎我爸爸去，给最高级待遇，另一条是进人民公社。但我爸爸想了一下，去了园林局的话，那里盆景不是自己说了算；但是进人民公社，讲句不好听是农民，但是盆景绝对是自己说了算。他有这样的想法，最终决定要去人民公社。在当时，园林局和公社的待遇可是天差地别的，从这件事可以看出他是将盆景作为一种事业。1964年成立广州流花湖西苑。我们（广州）市（当时）的副市长叫林西*。林西副市长就点了两个人的名，让孔泰初和我爸爸去主持西苑。那时我爸爸是不想去的，但是那个期间要赚钱，他就同意了，但是他说要带我一起去。市里面就说没问题，然后市领导就去公社说想要陆学明。公社说对不住，他是我们公社的"国宝级人物"，绝对不给你。一旦公社不放人，我爸爸就去不了了。如果当时公社放人的话，我和爸爸就去西苑了。当时我们整个生产队一半的收入都是我爸爸创造的。如果去了园林局，很多事就不存在了，是吧？

"文革"的时候，我们一样是生产盆景的。华南师范学院①的红卫兵有以前我们公社的干部，来到我们大队，就叫我们这些种花的生产队过去，提议处理掉花，叫我们恢复种水稻。但是呢，我举个例，我们的盆景园有很多那些砖头瓦渣，清理都要清理很长时间，所以他们不敢搞我们的东西。那时候有政治口号"以粮为纲"的嘛，而且我们这一行叫作"封、资、修"的产物。但是那个时候我们都还有少量的出口。除了我们这里，（其他地方出口的）就很少了。但生产队的收入不景气啊，那为了增加收入就派我们出去做外工了，实际是做搬运。那时候我十几岁，在船上清河泥。如果水干的话，吊板是斜的，水大就平点，400斤的河泥，两个人抬上来。这些我们做外工的时候都做过。

我父亲1922年出生，那他十一二岁的时候就是1930年代。他没文化，他所走的这条路很艰辛、很艰难，但是他坚持下来并且成功了。我说我很崇拜我爸爸就是（因为）这样。他刚开始搞专业盆景的时候，包括我们伯父，大家都说："唉，傻瓜来的。"但是到后来大家都说，这个人真是厉害！几十年之后，我伯父他们承认："啊，弟弟真是有眼光啊。"很多事情都是预测不了的。我爸爸他是很执着的一个人。

最开始是我爸爸带头开始做大型盆景的（图4-1）。在旧

---

① 华南师范学院，今华南师范大学。

时,玩家一般在盆里面栽培。但是我爸爸带头搞生产经营的时候,就将有些大一点的树放在地里栽培。先将它的骨架完成了,等差不多成型的时候上盆,那有很多时候树胚什么都没有的,只是一根光棍,只有一个树头。但是若干年后,我爸爸将它种成型了,大家都赞不绝口。

所以我们那些做人的道理,很多都是父亲教给我们的。有一次,我们爸爸精神不好,有个落羽杉树胚很复杂,虽然他想到怎么做,但是下不了手。刚好有一个爱好者来到,我爸爸就请他帮忙看一下这棵树。那位爱好者刚好和我爸爸想的一样。我爸爸听后就立刻下手去做了。我爸爸这么高姿态的,你提了意见,我当着你的面就下手,是对你的一种尊重。他对人是很尊重的,实际他自己已经想到了,有旁边人也说了同样的话,那就没错了。实际我爸爸他已经心里面想过这个方案,但是那位爱好者的想法也一样,那不就不谋而合了吗? 因为复杂了一点,有人在旁边建议,他就说:"啊,你也这么看,那就是没错了。"

我爸爸很谦虚的。有一次,好早以前了,有一棵酸味①,有些爱好者说我们花地*没有好东西出产。当时呢,我爸爸很倔强,他在清平路买了棵酸味,连根都没有的,像棍子那样。我爸爸真的是这样很好心机地②重新培养树根,而且将它的

① 酸味,即雀梅藤。
② 很好心机,粤语,表示很努力的意思。

枝法布局做得很好，慢慢地吸引了很多人过来看，有很多人问。特别是香港有一个商人想要这棵盆景，但当时还未成熟就没有卖。后来我爸爸就带这棵盆景去展览，那个商人就追过来，说："你说过的，展览过了就卖给我，这棵树如果不卖，我整批东西都不买。"然后我爸爸要定价的，那他就和孔泰初老师那棵酸味对比。他自己知道自己那棵树是好过孔老师的，但他定价的时候跟那个老板商量参考，他说孔老师那棵定八百块，我的就六百块吧。那个人就说我爸爸，说你傻的吧，你这棵好过他（的），为什么比他便宜。我爸爸就想了想，那就定一千（块）呐，就高过孔老师那棵了。后来他见到孔老师，就说大家讲真话，你评价一下我们两棵酸味。孔老师说："细牛（是我爸爸的乳名），你那棵好过我这棵啊！"那我爸爸就被安慰了。他是这么谦虚的，自己是知道好过孔老师的（那盆盆景）！那个朋友说我爸爸，你怎么这么傻呀，你那棵靓过他的，当然要贵过他嘛！你看他们那代人，他们大家互相是很尊重的。特别是他跟孔老师啊，他们两个人互相很尊重。实际上，就是我爸爸他年轻点，孔老师年纪大一点嘛。同一个年代，都是一代宗师啊，说起来很多这些故事的。

**|陆志泉：**现在没有多少和我们一样自小在盆景园长大的人了。以前岭南盆景圈子的氛围，我们现在是绝对没有的。他们那伙人会为了一条枝或者一棵树，提出很多意见，甚至

拍桌吵架！他们虽然是这样，但是他们是没心结的。以前那些人是真正争议和切磋的，以前那种氛围现在没有了。以前的老前辈就是喜欢盆景，他们不是对人，是对那棵树来争议和切磋。切磋的时候大家有争议，就可以"实践出真知"，最后就有结论出来了。

我们以前小时候学东西是怎么学的呢？我爸爸平时要开工，他就利用中午或者傍晚的业余时间，帮上门的人改树。我们就在吃饭的时候，拿着饭，在旁边看着他，一边看，一边听别人怎么讲，自己又思考一下，这样来增长知识。当然家父平时也有慢慢教我们，这样我们一路跟着他学，由他指点，自己也会自学一下。

我经常和父亲、哥哥三个人交流切磋。有时就有争议，如果争议大的话，有个别的想法，爸爸他有时也会顺着我们。我们从小和他生活在一起就知道他的性格。他的经验比我们丰富，但是我们后期在外面就看得多，有些继承老爸盆景艺术技艺，自己又加以改善，与时共进才行的。

1964年，周总理访问埃塞俄比亚的时候，送了4盆盆景给埃塞俄比亚的塞拉西二世，其中一盆就是家父的。当时岭南盆景出口以欧洲市场为主，那些叫行货商品。出口的盆景属于岭南盆景流派，但是和我们本地的做法就不同了。我们生产队①出口就是以我国香港、澳门地区以及东南亚为主，到后期开放之后甚至我国台湾地区都有。技术这些东西很难说的。因为盆景创作没绝对规则，只是会有一些共鸣，你和谁一起学习，那么你的构思、爱好就会和他们比较接近。

## 2 取材生活，师法自然

┃陆志伟："丁字嫁接法"等技法②是之前我将爸爸的那些经验总结起来得到的。一棵树，它需要有一个好的根部，如果（根部）不是很理想的话，就要接根。我爸爸先做这些尝试，譬如根部靠接，将来成活之后你看不出来那些靠接痕迹（图4-2）。当然这需要充足的时间让它愈合。所以一般根的靠接是在早期，不要等到树差不多成型才去靠接，这样的话它的伤口就没有充足的时间去愈合，痕迹就没有办法消失。靠接是有一个时间段的。很多不懂的人做出来的靠接口就永远都能看得到痕迹。盆景是艺术品来的，就要讲究艺术含量，那这就要动脑筋了，所以在这些方面我很佩服我爸爸。他虽然不识字，但是他肯动脑筋钻研，他这种人才是很少有

---

① 二十世纪六七十年代，广州是以芳村为基地，组织生产队培植盆景，出口创汇。
② 2012年，岭南盆景领域谢荣耀和陆志伟两位老师撰文《岭南树桩盆景的传统造型技艺》上、下两篇分别发表在期刊《农村新技术》2012年第3期和第4期的刊物上，文章对"丁字嫁接法""头根嫁接法"等岭南盆景造型技法和经验进行了总结。

的。包括好像挑皮①、打皮①这种技法，也是我父亲创作的。有一次他去广州越秀公园开会，那时他喜欢从这里走去芳村、黄沙②，一路沿着河边走，走到天字码头*附近。那里有些榕树，起了一块块的节、坑、裂。他在那里留意到，原来是有些搬运工在榕树旁边放了些东西，碰撞到这棵树。榕树被碰撞，伤口愈合了之后就会有这些坑。他回到家，衣服都没有换，就拿了个锤子在树上敲，锤两下，后来发现有一些马眼③、节枝等肿起来的部位，这会使那棵树看起来更有年代感。他做的这些尝试，实际上是生活中（遇到的）很偶然的一个机会，但他却可以运用到盆景方面。

**|陆志伟：**因树造型又是什么呢？就像那天有一位同行，因为我们协会④准备评选岭南盆景大师，我是评审小组的。他有一盆小盆景，我就说到时表演你也要有一个过程，选观赏面是很关键的。当时我就给了一个提议，利用它原来的枝条，在某一个角度创作出最理想的观赏面。

---

① 挑皮，在树干所需部位用刀将皮层切开，然后用刀尖将切开处两边的皮层挑离木质部，日后皮层被挑离的部分便会长出新皮而增厚，形成"坑棱"；打皮，即用铁锤在树干上必要的部位敲打，经过捶击的皮层伤愈后会凸起而形成结节。这两种技法都是为了增加盆景的沧桑感。
② 芳村，指广州昔日一个市辖区芳村区，位于广州西部，三面临珠江。芳村是花卉之乡，以花名世，历史悠久，是岭南盆景艺术发祥地之一。黄沙，指广州黄沙码头。
③ 马眼，就是把不要的大枝干截截并经过修理后，随着树桩的长大，截口渐渐愈合，长成好像马的眼睛一样的形状。树桩有"马眼"更显其苍劲，能提升盆景的观赏价值。
④ 协会，指广东省盆景协会。

很多时候我都会强调：可以突出个性，但是必须有个原则，不能无中生有，无中生有你是站不住的。我认为创作是一定要结合自然树理的。这个论点是我先提出来的。因为以前我们太公、爷爷，都是搞旧式古树，那些叫作规则式盆景，现在被称作旧式古树。但是我爸爸怎么看都不喜欢旧式古树，他觉得一定要改。他在十一二岁就给自己定下一个目标——改革。在他有这个想法的时候，刚好像孔泰初这样的玩家，也有这样的想法。这几个一代宗师，觉得旧式古树太呆板，不耐看，想要做新的盆景风格。但是要做，就要有一个准则，怎么做呢？大树缩影！就是说我看到一棵树，就要想它为什么会长成这样，它是什么树种，它长在什么部位，比如说它长在山边、半山腰或者平原、水边等等。所以他们当时定了这个格调，很通俗，但是很精准。我说我们真的很感谢他们这一代宗师。很简单，我们以后做盆景，就做"大树缩影"。因为当时这个定位定得很准。当然现在可能有的人不承认，但是我认为我们历史的发展过程证明了"大树缩影"是对的。

盆景构思立意的依据是什么呢？首先提出自然树理是根本，然后融入自己的艺术渲染。如果光有自然树理，没有艺术渲染的话，可能你的品位就不高了，以前就是在这样一个基础下融合这些。那在创作的过程中，可不可以在枝法布局上面创新一下呢？你可以这样去考虑。

有时候我很反感现在有一些人，有一个天然的古树，原来它的树是挺直的,却突然想做悬崖。我说你永远是失败的,这样的树做悬崖式,是绝对不好看的。因为将来的树根是利用不了的,你以后剪什么呢? 这个是基础。与建房子一样,你基础打好了,慢慢一步一步就会好看了。这些基础是否适合做悬崖式,一目了然,是不是? 所以呢,要关注方方面面,但是它的枝条布局是最重要的。

**┃陆志泉:**北方为什么做不了"水影"①(图4-3)这一类的盆景呢? 是北方的气候与环境的问题,北方的气候环境不能造就它像岭南盆景这样,我只能在北方找一些半成品,再回去调整。

之前这棵树(图4-4)是飘起来的,然后我就拿了头一托,让它长到前面,这棵"悬崖"完全是人工搞的。像这些位置,叫马眼。它让盆景看起来比较天然,像国画里面的树一样。我们可以看一下宋朝、明朝的画,很多都是这样。它(的树干)是坑坑洼洼的,还有裂痕,完全就是仿照大自然的树。盆景应该源于自然、胜于自然,所以不能留太多人工痕迹。胜于自然就是只取它的优点,不要取缺点。有时候,我们在郊外、花园看见一些柏树,好像龙爪一样的,这就是仿照大自然,仿

① 水影,即水影式盆景,岭南盆景常见型格的一种,取自然界塘边、河岸上树木的干和枝俯卧水面之上,因顾影生辉的树木景象而得名,又称为临水式。"水影式"也是陆志泉老师擅长的风格类型。

照他们的优点（创作的）。所以你们现在学盆景，做盆景研究，以后对自己也很有用。实际上，如果是喜欢盆景的话，就会觉得很有意思。

**｜陆志伟：**我之前说过"一把剪刀走天下"，但其实我们还有其他工具，只是说剪刀才是最主要的。那（使用）剪刀呢，我们又是受到爸爸影响。他的剪刀，那些关键部位一定要经过自己加工，他才会用。为什么呢？因为剪刀实际上有两个功能，一个是剪的功能，一个是刀的功能。好多时候我拿着一把剪刀啊，不单是剪，也把它当成一把刀在用。

比如说我们自己回去把刀片磨尖。现在很多人没有像我们这样做了。为什么要这样做呢？因为这样的刀在一些树枝夹缝里面会好用点。很多人的刀的刀肚①位置很厚，为什么我们不要那么厚？因为在剪的时候，如果刀肚太厚就会滑。那如果这里薄一点没那么厚，就没那么容易滑，就容易下刀。

实际上用剪刀啊，还有一个窍门是我们爸爸教的。你剪枝，从这里剪下去，通常这样子正着剪呢，是错误的，要反转（图4-5）。为什么呢？因为它这里磕在树皮上就会伤害到树皮，但我把剪刀倒过来呢，这个的接触点就在这边，伤害到的

① 刀肚，指刀片中部。

92

是我不需要的另一枝。所以我爸爸就把剪刀反着剪，很多时候那些人是没有反转来剪的，因为他(们)不会考虑到这样是不是会磕伤那个树皮。这些就是技巧。

工具的使用都各有其好。我们习惯用大剪刀，因为我家里人手大啊，所有很少用些小的(剪刀)。很多时候，我和我的朋友说，我们有个习惯，把剪刀反转剪，为什么呢？ 你的树皮一伤到，也许会感染的嘛，就要尽可能避免。当然这个或许不是很重要，但你形成一种习惯，不就完美咯？ 所以，(使用)剪刀我们都要很讲究。

│陆志泉：剪刀是最关键的。一般来说，我们(有)这几样东西就可以了：一把剪，一把锯，一个槌子(图4-6)。为什么我们要用木槌呢？ 是我爸爸(陆学明)带头用的！ 另一个木槌是自己做的(图4-7)。在凿的期间，精神集中在凿上面，不是看着木槌。而我用这个小木槌有一个好处就是不滑，打下去每一下都可以实实在在地打到，这样我就不用担心伤到手。槌子新的时候是平的，现在用了有七八年了吧，这里的木(原本)很厚的而(现在)那里(被)锤得比较薄，可以说是真正的千锤百炼了。木柄这里为什么不做那么光滑呢？太光滑的话就容易手滑，有些凹凸的话虽然粗糙一些，但我拿着的时候就没这么容易滑手。工具，就是实用就行，一定要你自己觉得合适。好像这个凿子，有的人就喜欢很弯的，弯了就有一个坏处,就是太滑。稍微弯一点就可以了,长一点的用来凿那些深一点的地方。

胶纸可以帮助盆景快些愈合。这些是包冷气机的锡纸(图4-8),原本是用来包排气管的接口处,我们用来包盆景的伤口。封口用锡纸效果很好,对伤口愈合有好处。

## 3  取长补短,互相借鉴

**| 陆志伟:** 就我们岭南盆景本身来说,我不是很接受我们很年轻这种讲法。联系我的经历,我认为我们岭南盆景的历史并不年轻,但是你要真凭实据,摆证据。岭南盆景历史啊,实际要分两个阶段。明朝的时候有"斗花局"的。斗花局就是一种民间的、小型的展览。以前叫盆景为古树,古树是展览的主角。还有花木、花卉,比如说兰花啊、牡丹啊。在明朝已经有这种民间的活动了,那你还说我们的盆景历史很年轻? 那个时候是规则式造型阶段,那么这个自然式造型改革呢,就应该是上个世纪(20世纪)的30年代。在上个世纪30年代前,我认为是规则式造型阶段,在我们改革创新之后就是现在这种自然式造型风格。

盆景讲流派,实际上是从1979年开始。"文化大革命"结束,1979年在北京北海公园办了第一次全国(盆景)展览。各个有名地区的(盆景)集中展览之后呢,就明显地体现出不同的风格。那当时就定了五大流派。一个是扬州,就叫作扬派;

一个苏州,叫苏派;一个上海,叫海派;四川叫作川派;唯独广州,大家就不叫它广派,就定为了岭南派。那么就是(这)五大流派。最初讲流派就是在那个年代。以后说起来我们大家都认为中国盆景的复兴就是那个年代,就是从那年开始,大家闲谈之中有了这种(流派)讲法。

我举个例,比如说你刚才要联系我,(以前)你得先打个电话去我们的传呼站,传呼站将你的内容记下,又去按照这个地址去找我,然后我又回去那里,去回复电话,给你打电话。信息(传播手段)、交通相对落后,大家就闭门造车。所以一个地域,一个树种,一个审美习惯,就形成了一个地区的特色。所以,我认为现在就不要再强调流派了。因为现在信息、交通那么发达,是你中有我、我中有你,取长补短。树种可以体现不同地区的特色,但是造型风格大家可以互相借鉴,取长补短。当然现在岭南盆景有人提出来要学用铝线来绑扎,我反对,绝对不接受。为什么呢? 我们岭南盆景以杂木类树种为主。用蓄枝截干①的手法呢,是绝对OK的。那再用铝线来扎的话,岭南盆景的风格特色就没有了。但是你说有没有其他方法? 有。我可以不是这么扎,我可以将它某个部位(进行)调整,这是可以的,但不是这样反复地

---

① 蓄枝截干,是岭南盆景独具风格的创作手法,由"岭南盆景三杰"(孔泰初、素仁和尚、莫珉府)之一的孔泰初先生首创,整个工艺过程都是以剪为主,很少蟠扎。蓄枝截干是以锯截和剪蓄为手段,使桩景树身矮化紧凑,枝条屈曲自然,以达到自然野趣、雄浑苍劲的艺术效果。

来扎。

对于其他流派的盆景是要大概了解下的。譬如说什么树种、展览去看看是绝对好的，因为好多的作品能够集中在一起，有可比性，自己可以跟他们展览的做个对比，包括他的各种树型、树种啊，是一个很难得的学习机会。

## 4 评比可以作为一种导向

│陆志伟：做评委给一棵盆景评分的话，看哪些方面呢？我一般都是综合考虑。首先，就是看它的综合效果。其次，结合它的树种，因为不同的树种有不同的难度。（再次，）还有树材的难度，如树材的大小，可能大点的（树）比较有难度。还有一个是树形。比如说，如果我做评委，一般"悬崖型"①我会给些难度分。悬崖（型）它本身对胚材的要求就有局限性，材料难得，它的体现（需要）一些基础，我觉得从树形方面来看同样的档次，悬崖（型）应该加分。最关键呢，是看它的枝法布局，综合来说，这个（是）最关键的。最后一个就是成熟度。你拿出来展览就是等于这件作品已经完成了，但是成熟度不够，就是说你还没完成，可以这么理解的，所以又要强

① 悬崖型是岭南盆景常见的一种风格类型，其枝条跌宕有势，主干向下悬垂，树头、树根咬定盆沿，表达百丈悬崖峭壁上老树的姿态。

调它的成熟度。那当然也不是强调说一定要有"鸡爪枝"①（图4-9），但是鸡爪枝可以体现出成熟度,体现细节,但关键是整体布局。另外有一些是个性很强烈的,或者很有新意的,也可以考虑加分。

实际上评比呢,可以说是作为一种导向。这是我的个人观点。评委,是因为有这个创作经验,希望给后来者一个导向。但有些人是没有创作经验的。所以我们评比,应该要有一种作为导向这个观念的,它不是一个人说了算,是综合所有评委的意见。

以前我爸爸说过的这些话,我仍印象深刻。曾经呢,我们为了生活,好看的树胚是留不住的。有一次,就有一个很差的树胚,他就跟人说,这棵我留给自己。那些爱好者说:"怎么不留其他好看的树反而留这个?"后来,爸爸做了造型之后,大家看到,都说:"哇,猜不到你可以做出这么个效果出来!"他就将一条枝很关键的型做好了,让大家集中看着这条好枝,所有的缺点被它挡住了,让大家对它的缺点视而不见了,这种也是一种手法,很差的树胚也可以做出经典出来,是吧! 他就说过:"我不怕人家有好树胚的。"他有信心把那些差的树胚做精、做好,包括（做好）它们的枝法布局。虽

① "鸡爪枝",岭南盆景术语,指通过蓄枝截干的技法形成的粗壮有力的枝条造型。一般第一段不出次脉,第二段后出次脉分枝,形成有疏有密、刚劲虬曲的枝形,呈鸡爪形,故名"鸡爪枝"。

然它有缺点，但是人们都会对缺点视而不见了，这个也是一个艺术手法。

**｜陆志泉：**我们两个①经常参与布展。说到布展，首先就只能够看现场来安排盆景位置，首先考虑盆景的质量、高低、大小，其次要考虑到高低错落、品种、颜色、树型的分布，还要考虑稍微突出的盆景需要放在好一些的位置。展览不能够把好盆景全部集中堆在一起，需要错落分布。即使在展线的最后，也要有一些好作品，如果好东西全部集中在一起，那后边的盆景就没人看了。

实际上，去年展览②，我提出展台要宽一点。因为我觉得之前每次全国展览的"一树二盆三几架"③，用什么盆和什么几架都很重要。配盆的大小、高度、宽度，都很重要。现在有的人最大的弊病，就是树跟盆撞色。还有盆的宽度、长度、高度，这三方面都要考虑协不协调。

现在的盆景市场，一个是树种，一个是规格大小，还有一个是胚材的美丑决定它的价值，好品种、有分量、靓胚这些肯定会受欢迎些。那现在卖盆景的趋势是以中小型为主。一个原因是家里小，第二是价钱比较低一点，（这个趋势）应该

---

① 指还有陆志伟老师。
② 2016年10月开幕的第九届中国盆景展览暨首届国际盆景协会（BCI）中国地区盆景展览。
③ "一树二盆三几架"，指的是盆景审美鉴赏中，强调树与花盆、几架三者互相搭配，获得相得益彰的效果。

要普及全国。

关于"择主而售",除了行货,盆景的价钱没有绝对的。譬如说,现在好多外省来做生意的人想买一棵盆景,为什么不卖呢? 第一个就是他们出不了合适的价钱,就没有必要开价给他。第二,要给盆景物色一个合适的买主,我希望它不那么可惜,卖给一个懂的买家,我希望是值得的,我们不能见钱眼开。第三,择主而售是一种经营手法。为什么有时一些树不卖给别人呢? 因为第一,我要有代表作;第二是以点带面,我有棵好盆景,我以点带面用我的好树吸引人来,这个是经营手段。

## 5 耐得住寂寞,而且要有耐性

│陆志泉:实际上,现在岭南盆景尖端的技术少了,大家都讲求快。但是有一些技术是比以前好多了的,例如种松树的技术比以前好了好多。现在搞大树型的人,太讲求快了,就是我们说得难听点的"偷鸡"①。那些展览的(盆景),我们叫胎骨,骨架里面好松的②。但是有些人真的很聪明,譬如说,本来这棵树不是长这样,不是好树,用人的艺术创作来改变它,搞出好的盆景来,但是真正搞出来的尖端技术实际上不多,很少有人这样有耐心地去搞好盆景。

---

① "偷鸡",粤语偷懒的意思。
② 指盆景枝干布局不合理,造型结构松散。

其实我们已经被人说落后了，但可能是我们自小熏陶的问题，很少扎树，很少用铝线，因为线留下了痕迹，（这）始终不是很理想的。蓄枝截干有力一点，比较贴近自然，看起来比较舒服，而且这个是岭南地区的特色。

国画实际上是仿大自然的，我们岭南盆景不是完全仿岭南画派①，而是借鉴岭南画派的画理，借鉴它的优点。实际上我最佩服岭南画派。盆景是立体的，立体画，但是画它不是立体的嘛，树多远都可以看，但是画不一定行的。

未来这种东西（盆景）真的很难说什么展望。我们始终就是坚持做盆景，以后如果有人需要我们教导，我们也不会保守，我们只能做到这些。子女做不做这一行就要看情况了。因为他已经做了其他行业了，他们还年轻，或者什么时候想做一下也好。至于徒弟呢，我有。但是说实话，我也很少收徒弟。现在他们有的做得不错的，但是都是爱好者比较多，生产者很少。

生产者会更好地掌握操作、生产过程，爱好者掌握的技能就比较全面。收藏家从配盆、摆设等方面比生产者好多了，更全面点，但是生产者（在创作方面）会更优秀一些。但是，可以做到与理论结合、又能写又能做的人不多。

---

① 岭南画派，是指广东籍画家组成的一个画派。创始人为高剑父、高奇峰、陈树人，简称"二高一陈"。他们在中国画的基础上融合东洋、西洋画法，自创一格，着重写生，多画中国南方风物和风光，章法、笔墨不落陈套，色彩鲜艳，学者甚众，它与京津派、海派三足鼎立，成为20世纪主宰中国画坛的三大画派之一。

我觉得盆景应该要民间性，大众化。大学博士、教授可以玩盆景，有钱人可以玩盆景，搬运工、农民、司机一样可以玩盆景。

**｜陆志伟**：譬如说这些还长在地上的，叫作长胚。你要把它增粗的话，上面就要留多一些枝条。如果你要做盆景，那么你就要考虑那些一般不能长得很高的。如果你要做绿化树、地景的话，你就可以按照那个来做。如果是盆景，不做地景，那么有很多时候你就要考虑树胚的时间，（即）何时移植。不然你继续这样种在地上，造型就不能这样锯，那就（要）在适合的季节将它移植。包括树干、根部，都要处理。就譬如，这条做主干，后面的这些就不要，我刚刚说到的，选好树胚之后就要定枝位。你要想着，这个部位（做）第一托枝，这个做主枝。要在地上做好整体布局，等到比例差不多出来了，就可以考虑上盆了。但是有时候你在地里面要卖的话就没那么容易，因为它这种树种也是要讲季节的，移植要讲季节。如果在盆里面，谁看中了，随时可以搬走。有时候，我们就是这样的手法，因为我不是玩家的话，我（作为）生产经营者就必须走这一步。如果他是玩家的话，他就要按照他的思路，慢慢去完成，或者放回地里，然后差不多时间就上盆。

以前我去一个学院讲课，我就带一些挖了上来没有裁剪过的（树），又带些裁过的，当然不是同一棵树。把那个（制作）

过程给他们看：你刚刚把树挖起来，根据什么选观赏面啊，选好观赏面之后，方向怎么摆，高矮、斜直，等等。然后做好之后呢，又拿那些半成品来和他们讲这些怎样定枝位，定好之后呢，一步一步培养。其实盆景（完成）的过程是一个（需要）很长时间的过程，所以有的时候我会和学生说，如果你真的喜欢盆景，第一你要耐得住寂寞，而且要有耐性，你急躁、很浮躁的话是做不成的，因为它就算听话，也是需要时间的，你急不来的。但是你要把握住它的过程，它变，你也要变。

现在就蓄枝截干这种技法来说，如果你们学校要向学生推广，我认为还是坚持蓄枝截干，不要像有些人说要截干蓄枝才对，为什么呢？现在都还有人说叫截干蓄枝。那在《中国农业百科全书》里这个条目是我写的。岭南蓄枝截干方法，我当时思考过了，究竟是哪个先。现在有的人说先截干后蓄枝，实际这个先后顺序大家不需要去争论了。举个例，熊猫不是猫科，权威的顶级的专家认为大家叫上口，熊猫就叫熊猫。我分析啊，你截干蓄枝嘛，截这个目的是剪了，蓄枝呢，是长、蓄养的意思，是留下去！那就是蓄枝截干嘛。

实际上我认为玩盆景是一个很好的爱好。种盆景要少量运动，当然你不要拼命，应该力所能及地少量地运动，同时对着那些树，跟它对话。在这个过程里你可以养神，心情会比较随和舒畅，不是做生意就不需要竞争，只要精神投入，见了阳光，好像夏天早上见到阳光是有益的一样，这样就有益于身体。

讲得俗点，它是一种强迫运动。你喜欢的话就不叫作强迫了，你是自愿去做，你就有适量的运动。而且呢，常常对着植物，在这个过程里是一种享受。

首先是你自己喜欢，是一种业余爱好。有兴趣你就可以去学一下，因为做盆景有一个时间周期，很漫长。就算小小棵，你要做到它成功，就是做到它成熟、成型，都要很长一段时间。所以呢，你们必须要有一个兴趣，或者说如果真的爱好，不多不少，要有些准备。我也跟画家讲过了，绘画创作一个月完成的就算大作了，我们一个月算什么呀？

然后玩盆景需要你家里有放置盆景的环境。必须要有一个环境允许，可以让你一直做下去，那你就可以从一些小小棵的入手做一些尝试。你如果有兴趣，可以自己在外边挖。不是开玩笑，有时你刚好看上树胚你可以自己挖，这样的体验很好。我有一次啊，我小学都没毕业啊，那年大概（是）1962、1963年放寒假，有强冷空气，三天不敢下床，当时要布票买衣服，没厚衣服穿，吃完饭就上床，盖着张被子。我们有一个广东台山的街坊，他不会选树，骗我去挖树。我问我爸爸说，他不会哦，我不知道自己可不可以。我爸爸说"你去试一下"。那我就去试一下。然后我清晰地记得，到第三天才有一个单车（骑着）去挖树。挖完树怎么运回来？就放在那个长途车上面的架（上），放在那里盖着帆布运回来。那你的树留得长也不行嘛,那我就自己锯掉它带回来。回来之后我问:"爸爸,我挖的树行不行?"我父亲说:"算你啦!"[①]

对岭南盆景的未来有一些什么展望? 这种东西真的很难说(有)什么展望,我们始终就是说一直坚持下去,那你说以后如果有人需要,我们也不会保守,我们只能做到这些。

① 原话为粤语,表达夸奖陆志伟老师挖的树不错的意思。

图 4-1 陆学明代表作（图片来源：吴培德主编，《中国岭南盆景》，广东科技出版社，1994 年）

图 4-2 陆志伟讲解根部嫁接技法（图片自摄）

图 4-3 陆志泉讲解水影式盆景（图片自摄）

图 4-4 陆志泉水影式盆景代表作品《醉卧山前》（图片来源：吴培德主编，《中国岭南盆景》，广东科技出版社，1994 年）

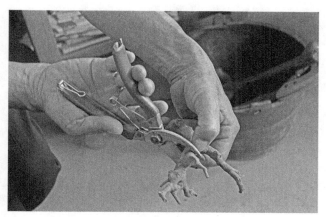

图 4-5 陆志伟讲解反剪的技法（图片自摄）

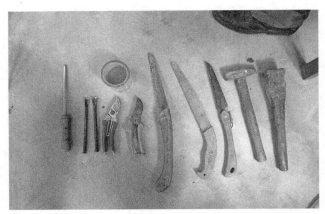

图 4-6 陆志泉展示常用工具（图片自摄）

图 4-7 陆志泉展示木槌（图片自摄）

图 4-8 陆志泉展示锡纸（图片自摄）

图 4-9 陆志伟作品《攀云》中对"鸡
爪枝"的表现（图片自摄）

# 盆景技艺修剪示例

## ● 斜飘水横枝修剪

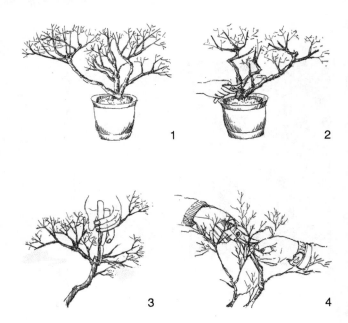

1. 通过观察树胚，选择观赏面，构思符合树形的形态和主次枝干。植株已培育多年，可选择的枝条丰富，但是缺乏主次关系。通过观察和想象，确定未来结合盆面的倾斜和枝条的培育，做斜飘或水影的型格。

2. 剪掉侧枝，突出主次枝干。修剪过程中，较粗枝干需要修正切口，树干伤口用封口胶包好，等待形成"马眼"。

3. 在主枝上修剪，平行枝或间距短的枝条需要有所取舍，腋下枝、徒长枝需要尽量去除。

4. 选择一枝作为树顶，修剪多余的侧枝，并选择未来重点培养的枝托。

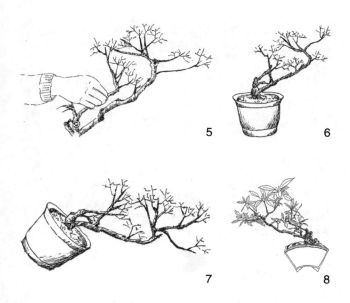

5. 利用一枝作为跌枝,形成树飘斜、跌枝拂水的意象。
6. 初次修剪完成后,观察主干走势,确定"水影"的意象。
7. 通过花盆的倾斜,调整植株角度,可强化"水影"型格走势。
8. 结合扇面花盆,重新种植,确定植株角度,最终完成本轮修剪,继续培育次级枝条。

操作人: 谢荣耀
绘图: 邝晓晴

# 劳秉衡：那个年代我"偷师"学盆景

劳秉衡与岭南民艺平台采访者合照（图片自摄）

**受 访 者：劳秉衡**

简　　介：劳秉衡，1929年生，广东鹤山人，1940年到广州定居从商，1954年转入广州纺织行业工作，期间保送到暨南大学学习，1962年回广州市纺织局工作至1988年退休。1960年起利用工作之余开始盆景创作。1979年"文革"结束，他的作品被选送参加在北京举行的新中国成立后的第一次全国盆景展览并受到好评。1980年广州盆景协会复会成立，任常务理事，并历任组织部长、副会长、秘书长及荣誉会长。2000年与吴培德、徐文正合著《中国岭南蜡石》一书。后中国风景园林学会花卉盆景赏石分会授予其"中国盆景高级艺术师"和"中国赏石名家"称号。

**访 谈 者:** 李晓雪,翁子添,张培根,刘欢,罗莉薇,吴琼冰,陈芷欣,彭婉莹,肖秀莹

**访谈时间:** 2017 年 7 月 15 日

**访谈地点:** 广州,二沙岛云影花园

**整理情况:** 2018 年 8 月整理

**审阅情况:** 经劳辉老师审阅

我接触盆景是在1940年代末。我为什么会喜欢玩盆景呢？因为从小就跟随自己的叔父种花草、种水横枝①在家中摆设、陈列。叔父是个"红色资本家"，家在西关，有小别墅，有自家花园，有花匠打理。所以我们一有空就整天在花园里同花草树木打交道。当时的芳村花地一带种花卉，盆景很兴旺，我就跟着叔父去看、去买。

1958年春节前，越秀公园举办了一个盆景的展览，展览上很多盆景是从全国各地组织来的，有一些我都没见过的，如北方的松树、柏树、小叶黄杨等等，当时令我耳目一新，很震撼，从那次（展览后）我对盆景有了一个新的认识。后来，广州的越秀公园、文化公园*每逢有盆景展我都去看，而且还主动去帮忙打下手干活，边做边学边偷师。

经过三年困难时期后，1963年那一年是经济恢复的时期。那年，广州办了一个盆景展览②，是由（广州市）园林局在教育路、西湖路那一带举办的。之后每年的广州春节迎春花市都是在那里举办。当时首长、老领导都来到广州参加这个盛会。这个盆景展览大概展示有上百盆盆景，当时所有精品的盆景都集中在广州市，基本上是出自几个盆景老专家、老玩家或者是省市领导的作品，那时候这些人都有在玩盆景。

① 栀子花，广州俗称水横枝。
② 1963年是中国经历三年困难时期后的第二年，广州市园林局在西湖路举办了一个大型迎春花卉展，参展的盆景就有100多盆。

我记得当时中南五省的领导，陶铸\*、曾生\*他们都爱好盆景，他们的盆景都参加了这个展览。当时看了这个展览之后，我就更着迷盆景了。

我在暨大①读经济专业，读书期间，手头很紧，都不敢到市场上去买"树仔头"②，于是一有空我就回乡下的山上挖树头，每年回乡拜山祭祖的时候也挖树头，挖回来后亲手培植，这样不用花钱买，又可以满足玩盆景的乐趣。"文化大革命"来了，我还继续在家里天台上偷偷地玩盆景，这样一玩就玩了六七十年，到现在每天还在玩盆景。

我与谢荣耀会长是怎样结缘的呢？他于1983年就从基层上调到(广州市)纺织局组织部任职，当时我也在组织部，我们是同事，当他知道我玩盆景，他也很有兴趣跟我学，于是我们两个就一起利用业余时间玩盆景，我们两个人就结缘成了师徒。当时，我在广州盆景协会兼任常务理事、组织部长，经常参加会务活动，需要人手做各项工作，(因此)积极培养工作骨干，于是我便推荐谢荣耀入会参加协会工作，经过他本人的努力及才能，(他)从协会写作组成员(升)至协会常务理事兼秘书长，后任协会会长。

我1989年退休后至2005年一直在广州盆景协会任职，从退休(之)日起，得到时任会长谭其芝\*的信任，我从原任

---

① 即广州暨南大学。
② "树仔头"，粤语中指盆景树桩。

的常委、组织部长提升为协会常委、副会长兼秘书长职务，主持日常会务工作。因当时全国各地都兴起岭南派风格盆景，特别在本省范围内的各地市、县都纷纷成立协会，先后请我们广州盆景协会到各地传经授课，帮助各地组建协会，组织盆景展览，因此（我）结识了很多朋友，经常交流活动，其中有几位亲密无间的挚友先后拜我为师，后来我很乐意（地）接受了。他们有中山的何福林、广州的林南、增城的郑杰强，加上大徒弟谢荣耀，（我）共收徒四人，这是我从事岭南盆景事业的大收获，他们都在所在的盆景协会中起着骨干作用，作品不断创新，均受群众好评。

我讲一个比较深刻的经历，大概是（20世纪）70年代末到80年代中，我有时间就到处走，逢周日不用开会有时间的时候，我们就出门寻找树头、去偷师。有时候回乡下，有时候和谢荣耀一起去旅游、探亲，顺便培植树头。因为那个时候坐船和坐车都不方便，所以要自己骑单车，骑单车要骑七十几公里，我们都挺艰苦的。还有一件事，是1997年我和谢荣耀在增城一个山坑上，发现了一个很大的大肥树①，要四个人才抬得起。我们两个见到这个大肥树都入迷了（图5-1）。

这个树头（是）我们在1997年在那个山里买下来的，当时要一万二，我觉得挺贵。买了下来之后，我们还是要起（挖）

---

① 大肥树，指当时遇到的粗壮的榕树。

回来。挖这棵大树回来是在1998年,放在黄岐<sup>①</sup>种了两年。这个树太大了,要拆了围栏再(用手)推滚进去。在黄岐种得不好,就在龙归<sup>②</sup>租了几亩地搬进去,种了七八年,之后再运到了广州番禺又种了七八年。种到前几年,树实在太大了,而树将近成熟,我们那些大玩家见到这棵树就出钱,后来就转让了给他们。现在这棵树还在番禺。

我以前经常在礼拜天寻访那些玩盆景的前辈,大家一起座谈,饮一顿早茶,一起外出吃饭。我介绍给谢荣耀的那些前辈,现在有很多都已经不在了,照片里面这几个,他们都有在这里,这张是1997年拍的(图5-2)。

在那个年代,我学盆景都是以偷师为主。我偷师的对象是我们岭南派的创始人之一孔泰初,(他)也是最权威的,他在1985年去世了。我当时就跟他学盆景学了一段时间,他是(广州)盆景协会副会长,我是理事、常务理事,每次摆展览,他来指导和监督,我就跟着他去布置。他走一步,我跟一步,他指哪一托枝合理,哪棵树好,哪棵树不好,我都跟着他学习。他原本是广州市茶叶界的大商家,经营广州老字号茶庄"生茂泰"<sup>③</sup>。当时他玩盆景离不开他的身份和经济条件,也正

---

① 黄岐,佛山市南海区大沥镇黄岐社区。
② 龙归,广州市白云区龙归街道。
③ 生茂泰,原名"生茂泰茶行",创建于同治八年(1869),被国家商务部授予"中华老字号"荣誉称号。150多年来,生茂泰衍生出红茶、黑茶、花茶、清茶等180多款茶叶产品。岭南盆景大师孔泰初为生茂泰茶行继承人。

因为此，在"文革"时他受到冲击，被下放改造。当时他被下放到越秀公园园林局下面的一个盆景保养场，他在那里做师傅，我周日就去偷师。他在那个保养场的山头上，气温差不多是三十五、三十六（摄氏）度，他一样戴着草帽在那里剪裁、除草，我就跟着他和他聊天。他人很好，有什么他都讲给你听，你如果有什么想和他说，他也很乐意听。我就是这样偷师的。

1957年，广州盆栽艺术研究会成立了，经常搞活动。那时候这班老专家、老前辈或者是积极分子，都留下我参加座谈会。我参加过一次叶文章*举办的（座谈会），我也很重视。叶文章很客气，将我们这些年轻人当作嘉宾一样来对待，到时间就叫我们参加座谈。1979年（广州盆景协会）准备复会，我们就成了筹备者。广州盆景协会成立后，坚持开展岭南盆景创作、展览和交流活动，除经常组织活动外，还宣传推广和普及岭南盆景技艺知识，培训岭南盆景人才。协会从80年代初起连续举办了六期岭南盆景讲习班，学员来自全省各地共300多人。岭南盆景的老前辈如陆学明、陈金璞*、杨仲恩、卢庆源等，都曾在讲习班讲课传授岭南盆景技艺知识（图5-3）。

在盆景造型上我很喜欢孔泰初的风格，同时我也很喜欢素仁大师的风格，（20世纪）60年代就种了一些素仁风格的盆景。素仁大师当时的盆景有很多放在六榕寺养护，我经常去看他的盆景。为什么我喜欢素仁风格呢？其实当时素仁的盆景造型也就是文人树一类的造型风格，高傲、挺拔，简洁、素雅，给人云淡风轻、超凡脱俗的感觉，艺术意境很高。这种风格正好与素仁和尚的清心寡欲、看破红尘特别吻合，所以素仁大师的造型手法后来就在我们盆景圈中定格下来，被后人誉为"素仁风格"。当时我们几个喜欢玩文人树的，有芳村的苏樵、六榕寺的潘岐山，所以经常来往、交流，也得到素仁和尚的指点，深受启发，真是受益匪浅，大家都做了一些造型多样的文人树盆景作品。素仁大师留下来的一个石湾花盆，我还一直收藏着。长方盆造型，敞口，盆沿很浅，绿釉发白，四高足，是最适合种文人树的器型，盆底有素仁大师的题字和落款——"盤皇第壹號，素仁"（图5-4）。

70年代末，那时候"文化大革命"已经过去了，要拨乱反正。广州市政府就号召我们园林部门搞盆景展览。那时候是林西副市长主管园林部门，（他）指导园林局举办了这次展览。1978年，我参加了园林局在越秀公园（举办）的"文革"后第一届盆景展览。那时候的展览，园林局的主管是吴劲章*，我们是工作人员。我第一次是拿了一盆水横枝（图5-5）去参展，第二次参展是在中山五路的中央公园。那个时候参加活动，我们作为后辈要跑腿，（参与）搬运盆景、几架之类的布展工作。

1979年，在北京北海公园举办了一个全国盆景艺术展览，是"文革"后的第一次全国盆景展。广州市也参加了这个展览，当时是由吴劲章已经带队，谭其芝还有一个广州"酸味王"黄磊昌*等一起上门选拔盆景作品的。

黄磊昌住在高第街,他的天台上面是很简陋的瓦背,是大概二三十平方米的阶砖地,盆景全部种在天台上。他是台山人,在台山家里有块地培植树胚,在高第街的天台就种成熟的作品。他非常痴迷盆景,技艺高超,当时在广州盆景界当中,黄磊昌稍微比我大一两年。他做的盆景多式多样,造型都很老辣,是典型的岭南派风格。因为他在地上培植树胚,长到七八成后再上盆,所以盆景就显得更有功力。他的(盆景)枝条长成"肥仔枝"①"鸡爪枝",(枝条是)一节一节长出来的,不拖泥带水,清清楚楚。尤其做雀梅盆景(他)特别有心得,当时在盆景界当中都叫他"酸味王",就是雀梅王的意思。

这次选拔盆景,我的一盆双干文人树盆景被选中参加北京的全国展览。这盆盆景虽然不大,但是当时很出众,因为盆景界中这类造型极少(图5-6)。我们广州总共送展了十几盆盆景。吴劲章摆完展览回来之后,在总结会上专门描述了我这盆盆景当时在展会上的情景。当时特别为这件盆景设计了一个转盘放在广东馆正门入口处,转盘当中放这盆树,两边写了副对联,对联是陈毅说的:"无声的诗,立体的画。"其实我不曾想到他们那么重视这棵盆景,还弄了个转台、一

①  肥仔枝,通过蓄枝截干的造型手法,蓄育出短簇、肥壮的枝型,岭南盆景人称其为"肥仔枝"。

副对联和横批,这样摆在我们广东馆,当时就有影响力了。

我有几棵盆景在我国香港地区得了奖,当时(得奖的)那棵是九里香,由当时的香港总督颁奖。以前我种树几十年,但是成品包括领了奖的、没领奖的,比较精的也好,一般的也好,都没有怎么照相。这棵是最初的,70年代搞的,这些都是比较简单一点的。差不多90年代末,叶文章管广州流花湖西苑的时候,谢荣耀帮我题了词的这盆《春天奏鸣曲》(图5-7)就更加厉害了,在全国展览上领了奖。《春天奏鸣曲》得过两个金奖。

我都是因树造型,它原来的树头就是连桥①的,有吊根。根当时很小,我就一路捋根,一路捋到这么大,连桥上边就一个野林,这样长出来。当然了,这些枝条很密集,刚刚出芽的时候,整个树顶那些刚刚出来的叶好像满树都是伏在那里的麻雀在猛地歌唱。所以,我就搞了个题材叫《春天奏鸣曲》。当年我就是这么布局,一个野林里面有很多鸟,很兴旺,鸟儿又一大早在歌唱,这样想出来的。这棵树原来就只有一条根,这些枝丫都是后来长出来的。就刚好有一条细根拖下来,当时陷入地,后来做了提根。这盆盆景是丛林式,不是多植株拼的,而是一整棵连理枝。以岭南的蓄枝截干手法来修剪造型,有的枝干不喜欢的就锯,枝多的就去除,靠我的灵感来构

① 连桥,即岭南盆景型格中的"连理枝"。

图。我喜欢根据大自然的缩影来做。有空我们就去野外观赏大自然，有时间就去周围旅游，看山水树木。

我几十年玩的都是岭南盆景，它取材自然，不是单靠人工，还要靠天意，讲究两相结合，我们是要汲取大自然的精华，这就是我们岭南的特色，盆景要通透、干净、流畅，有主有次，有疏有密，有聚有散。

这盆九里香，叫《老少同春》（图5-8），是我1989年买回来的，落了地种了十年，但不是天天养护。虽然它被白蚁蛀通了，但是它长出了几条枝。我就因势利导，让它长成一棵古雅的大树。九里香生命力很强，但它虫害比较多，需要经常换泥土。而且一定要排水好，不能够积水。九里香的皮很好看，白色，节眼密，叶色好，是做盆景的优良品种。它的优点很多，体现在品种、树形、身段、气魄、叶色、有花有果（上）。现在九里香在整个岭南派中也是大家比较喜欢、比较矜贵的品种。

说到附石盆景，石头在推动岭南盆景的发展方面起很大作用。我们有做附石盆景，但是做的比较少。我们要配置的盆景主要都是单头独干的，或者是潇洒飘逸的形态。但搞附石盆景的话，就要花很多功夫。首先是要找石头（这一）材料，石头要好看、要有凹凸感，而且要有一定高度。石头的位置，必要时还要自己调整，这些功夫便增加了难度。

岭南派原来有好几个作者在做山石盆景精品。70、80年代时,已经有十来个人做山石盆景。但是后来年纪大了,有些人去世了,有些人不玩盆景了。做这些山石盆景需要花费很多心思,这些石头材料难找,所以很难做。现在还在做(山石)盆景的可能只有一两个人。当然,做得好的人也不多。所以玩山石盆景的人就少了很多,但是玩树桩盆景的人还是很多,并且按照这样的趋势逐步发展。

目前来说,我觉得岭南盆景在大都市发展比较难。现在大多数房子没有阳台,有阳台又不一定种得了盆景。现在兴起的盆景大多是体型大的,体型小的盆景又不成气候,那些人一般都不会着手去做这种小盆景。在广州,人们一般都是买几盆精致的、有艺术价值的盆景摆摆,死了就算了,专门玩盆景的人很少。但在外省外市,他们的盆景发展得就比较好。认真做造型、花工夫去做盆景的人并不少。所以,由于受场地的限制,日后的盆景技艺的传承,估计在农村会比较容易开展。

图 5-1 劳秉衡于 1997 年购得的大榕树（图片由劳秉衡提供）

图 5-2 1997 年广州盆景协会年会，劳秉衡秘书长主持大会（图片由劳秉衡提供）

图 5-3 1987 年讲习班教员合影照片（前排左至右：吴培德、谭其芝、卢庆源、杨仲恩、苏伦＊、江词、陈金璞；后排左起：劳秉衡、陆志伟、姚锦全、陆志泉、刘仲明。图片由劳秉衡提供）

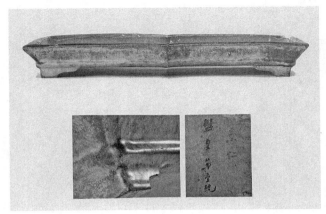

图 5-4 劳秉衡收藏的素仁大师题字和落款的花盆（图片由劳辉提供）

图 5-5 1978 年广州越秀公园盆景劳秉衡参展作品（图片由劳秉衡提供）

图 5-6 1979 年在北京北海公园举办的全国盆景艺术展览上劳秉衡参展的作品《立体的画》（图片由劳辉提供）

图 5-7 劳秉衡作品《春天奏鸣曲》（图片由劳秉衡提供）

图 5-8 劳秉衡作品《老少同春》（图片由劳秉衡提供）

# 盆景技艺修剪示例

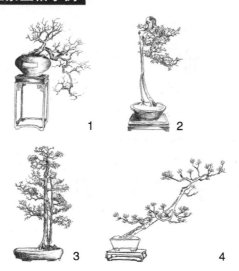

1

2

3

4

**1. 悬崖（来源：孔泰初，雀梅）**
树桩的主干自根颈部弯垂，侧挂飘出盆外，表现百丈悬崖峭壁上一棵老树，跌宕有势。

**2. 云头雨脚（来源：董国标，三角梅，《高风亮节》）**
造型取材自然界上大下小的倒悬崖景观，峭壁上观是嶙峋，石缝中小树生机盎然，表现悬崖峭壁的险峻情趣。

**3. 木棉格（来源：黄磊昌，雀梅）**
表现红棉拔地参天，傲岸苍劲。树头讲究板根雄壮有势，主干伸长流畅，可适当采用对门枝。

**4. 斜飘（来源：黄锦，山松，《傲骨》）**
表现一棵树横斜，迎风飘逸的斜树情境。斜飘树型注重动感，树态若迎风招展，树头讲究顺应树干流畅有气。

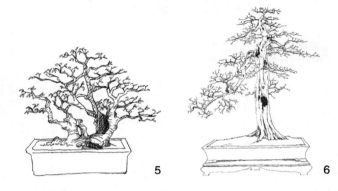

**5**                **6**

### 5. 一头多干（来源：林德，榆树，《同根争艳》）

同一株植株从基部开始生长多个分枝，大小不一，树枝高低参差，前后错落，有聚有散。一头多干讲究布局呈现盆景的空间深度。

### 6. 直干式（来源：曾安昌，九里香，《香飘千里迎客来》）

表现临风而立、挺拔苍劲的直立单干树，其托枝区别于"木棉格"，不做"对门枝"，或有意搭配一两枝跌枝或垂枝。

绘图：陈芷欣、张芷瑜、王丹雯

130

# 劳辉：把盆景当作信仰

劳辉与岭南民艺平台采访者合影（图片自摄）

**受 访 者：劳辉**

简　　介：劳辉，1965年生，广东广州人，广东园林学会盆景赏石专业委员会副主任委员，广东省花卉协会副会长，广州盆景协会理事。出身盆景世家，自幼受父亲劳秉衡熏陶，酷爱书画艺术、古玩、盆景，一直师从父亲学习岭南派盆景，后又到日本小林国雄春花园盆景美术馆拜师深造。他经营及收藏中国古代艺术品和盆景多年，熟悉国际与国内的盆景市场。

**访 谈 者**：李晓雪，翁子添，罗莉薇，陈芷欣，霍绮雯，肖秀莹

**访谈时间**：2018 年 7 月 20 日

2021 年 12 月由劳辉老师提供"补充自叙"

**访谈地点**：广州，二沙岛，云影花园

**整理情况**：2018 年 8 月整理

**审阅情况**：已由劳辉审阅

# 1 盆景成长之路

## 1.1 "树"二代[①]

"树"二代的我，出生在一个盆景之家，从小受到父亲（劳秉衡）爱好盆景的熏陶。父亲的盆景是种在自家楼顶天台上的，儿时记忆里，给盆景浇水、拔杂草、砸泥砖、剪树枝、摘树叶是童年的重要组成部分。那个年代，栽种盆景用的花泥也叫塘泥，经人加工成方块，晒干后形状像建筑用的地砖似的，死硬死硬的，扔地上都砸不烂，需要用铁锤用力砸成大小不同的泥块才能用于盆景栽种。我们家住在学校里，球场就在家门口，我最喜欢的就是放学后踢足球、打篮球，最沮丧的就是打球玩得正开心的时候被父亲喊回去浇水、砸泥砖。

童年正是"文革"期间，国内关于盆景的书籍资料极少，父亲扔给我一本发黄的、厚得像小枕头似的旧书让我看，线装本繁体字《芥子园画传》[②]，后来才知道那是民国版的《芥子园画传》，"文革"期间这本旧书竟然还保留了下来，非常

---

① 本段为劳辉老师提供的补充自叙，时间为 2021 年 12 月。
② 《芥子园画传》，又名《芥子园画谱》，是中国古代著名的绘画技法图谱，有中国传统绘画教科书之称。从 1679 年到 1701 年的 20 多年间，《芥子园画传》一共出版了三集。如今，中国国家图书馆中珍藏的正是第一集的初刻初印本。《芥子园画传》因刻于李渔在南京的别墅"芥子园"，故得此名。《芥子园画传》系统地介绍了中国画的基本技法，浅显明了，宜于初学者习用。在中国近现代艺术史上，齐白石、潘天寿、黄宾虹、傅抱石等画坛名家，都是从《芥子园画传》开始启蒙，从而踏入绘画艺术殿堂的。

难得,现在值点钱咯,市场上想找都找不到。《芥子园画传》是画匠学习中国水墨画的宝典,更是我们盆景人修炼美学的"葵花宝典",书上的一山一水、一草一木、人物花鸟都表现出中国传统审美极致的构图和比例,它是一套临摹历代水墨画大家绘画风格和技法的宝典,我的盆景审美基础就是那个时候打下的。

我加入广州盆景协会是在1984年,那时才19岁,在那时的四年前,也就是1980年,广州盆景协会才刚刚成立(前身是1957年成立的广州盆栽艺术研究会)。年纪虽轻,我已开始参与盆景协会的活动。1986年10月,英女王伊丽莎白二世访问中国,来广州参观流花湖畔西苑。西苑是广州盆景协会的会址,号称"岭南盆景之家",苑内陈设了很多优秀的岭南盆景。英女王向广州市赠送了一棵从英国带来的橡树树苗,并与广东省时任省长叶选平一起亲手把这棵象征中英两国友谊长存的橡树种在流花西苑。我当时有幸被盆景协会选作现场工作人员,目睹了这一历史性时刻,一睹了大英帝国女王的风采,更幸运的是竟然在英女王种树的照片中有我的身影。

1980年代初至1990年代初,是中国改革开放的第一个浪潮,广东作为对外开放的最大城市,自然迎来了无尽的商机。(地理位置)得天独厚的港澳同胞们开始频繁地进入内地做生意,港澳的盆景同行将广州的盆景、花盆大批量出口,转卖到我国台湾、日本、新加坡乃至欧美地区。那时候,亲眼看到一批批岭南盆景、石湾古董花盆、古董花墩、古董紫檀、酸枝花几、案桌流到海外,当然,也造就了岭南盆景在新中国成立后的第一次繁荣,岭南盆景从零散的个人爱好向市场化、产业化发展。正是这个时期,岭南盆景真正走出了国门,让世界认识了中国有个盆景艺术流派如此的杰出,如此的与众不同。

其实,岭南派盆景走出国门早在清中期或者更早,那是有据可查的。广州作为大清王朝的唯一对外通商口岸,与外国有着密切的远洋贸易往来。当时清政府对来广州经商的外国商人限制很严,贸易只能与位于广州的十三行商行交易,十三行的商行都是由大清政府钦定的,来自各国与大清政府通商的外国人,那时候统称洋人,都必须在清政府划定的小区域内居住活动,不得擅自到其他区域活动与经商。位于广州城珠江南岸的海幢寺历史悠久,是一所位居广州五大丛林之首的佛教园林寺庙。由于海幢寺庭院宏大、风景秀丽,依珠江而建,还有私家码头,正好位于广州城外,于是被大清政府钦定为外国使节和商人的居留、活动场所。海幢寺中摆设着无数的植物、花卉、盆栽,其中不乏岭南盆景的身影。实际上,明清两朝广州的花卉产业非常繁荣,我们可在清代的外销画、通草画①中看到当时海幢寺的繁荣景象。在海幢寺的藏品中,有一部绘于1796年(清嘉庆元年)。由长期生活在广州的西班牙人Agote*在广州定制的《海幢寺水彩画册》,里面描绘的画面就是当时海幢寺的庙宇、殿堂、花园等真实写照,其中有一幅画画的就是一盆岭南盆景(图6-1)。这件盆景的风格、技法、构图都堪称经典,与现在的盆景大师作品不相上下。每次回想起这幅画中的盆景,我不禁反思着我们这几代岭南盆景人,为何这两百多年来,岭南派竟然没有多大进步? 但今天在盆景圈却有人口口声声说:"世界盆景看中国,中国盆景看广州。"我作为一个岭南盆景晚辈,真为这句话感到脸红羞耻!

现在,民间有一种说法我是不敢苟同的,说岭南派盆景风格是从1930年代形成的,这一说法在西班牙人这本1796年的《海幢寺水彩画册》面前不攻自破。也就是说岭南派盆景的形成起码可以向前推200多年,至乾隆、嘉庆以前(即1796年以前)。并且,在200多年前就通过绘画作品的形式走出了国门,例如水彩画、通草画这些外销欧洲的商品,把岭南盆景

① 通草画,是指画在通草纸上的水彩画,全称叫通草纸水彩画。通草纸是古代广州画人作画时常用的纸。这种纸其实并不是通常意义上通过纸浆法制造的纸,而是从一种学名为通脱木、俗称为通草的灌木茎髓切割而成。由于切割的树茎大小有限,因此每张纸都只有两三个巴掌那么大。通草纸虽小,却非常适合水彩画运色着墨的需要,当水彩运用到质感丰富的通草纸上时,经过光的折射,能够呈现斑斓缤纷的效果,更可媲美漆器或刺绣,因此很受画师喜爱。18、19世纪,通草画作为广州的一种外销画,主要用于出口,题材以反映清末的社会生活场景和各形各色人物为主,诸如官员像、兵勇像、杂耍图、纺织图、演奏图等。作品造型生动,色彩浓艳,人物刻画惟妙惟肖。

和岭南文化带到欧洲。

如果说1980年代到1990年代，这十年是岭南盆景在"文革"后重新振作的时期，那1990年代至2010年代这二十年，就是全国各地盆景界迅猛发展的时期，从协会组织的规模到个人艺术水平的高度都有着划时代的进步。在这二十年里，岭南盆景风格逐渐走向成熟，也走向多元化，从80年代前的朝天枝、树胚桩头到80年代的大飘枝，再到后期的跌枝、雪压枝、闪电枝①等，技法层出不穷，可谓百花齐放，打破了以往盆景界千树一面，艺术造型僵化的局面，将盆景艺术带上一个新的高度，（这方面）岭南盆景真是功不可没！ 在近年新晋的岭南（盆景）年轻一代，已经不是单一死守着"蓄枝截干"的技法，他们视野开阔，敢于学习和接纳国内其他流派的优点，甚至向日本、我国台湾、韩国这些近代盆景发展先进、完善的国家和地区学习，敢于为我所用，把各种学到的知识用到自己作品的创作中。这也正是目前岭南盆景在盆景圈中最有竞争力和创新能力的地方。

盆景陪伴我长大，天天见着也没觉得有啥稀奇，但是随着年龄的增长，随着岁月的沉淀，到了35岁左右，不经意地回头看看盆景，看看古董，竟然发现自己看得懂、看

---

① 跌枝，盆景技法之一，指人为地强迫枝条从高处向低处走，枝叶朝下生长；雪压枝，岭南枝型的一种，表现雪压青松、枝条承重的姿态；闪电枝，岭南枝型的一种，表现曲折婉转的细部枝型。

得高兴，于是我把盆景艺术和古董收藏变成业余爱好，学习起来得心应手，就像"开挂"了一样，真要感谢我父亲让我从小成长在一个充满盆景与古董艺术氛围的家庭中。有了这盆景和古董两大爱好，简直是令我走上了"不归路"，我的时间永远都不够用，我的钱永远都不够花……经常改作、造型一盆盆景就要用上一两天，看上一件清中期的酸枝花几就得花上15万（元）。

我估计大家到了差不多的年龄也会喜欢上盆景、花艺之类的，爱美之心人皆有之啊。从近年盆景界的发展来看，大有盆景爱好者年轻化的趋势，在网上看视频、看照片买下山树桩的不少，买成熟盆景的不少，动辄上万元的盆景网上轻松交易，3～5天后快递公司就会把盆景从千里之外素未谋面的"盆友"手上送到你家门口，这些全都是年轻人干的事，可见未来这盆景圈可大了！

近十几年，因为国人富裕了，海外回流的中国古董很受欢迎，我经常到日本去淘宝，参加艺术展览和古董艺术品拍卖会。在空余时间也跑到日本著名的盆栽聚集地大宫去看盆景。在日本，盆景叫盆栽（bonsai），据史料记录，日本盆栽源自唐代中国，近代的日本盆栽在世界上地位比较高，不管是盆栽的质量还是声誉上都是世界第一，这要归功于日本政府在战后重建中对本国传统文化艺术的大力支持和推广，以及日本人的工匠精神。因此，世界各地的盆栽求学者都去日本求学，所学的都是日本的盆栽技法，世界各国创作出来的大多是日本风格或技法的盆栽作品。我认为无论从艺术角度或是市场角度，中国的盆景界和日本的盆栽界都应有更多的交流，所以我就把盆栽从兴趣爱好联系到生意上面来。我的第一个盆景师父是我爸，第二个师父是日本的盆栽大师，也是世界盆栽大师小林国雄先生。

## 1.2 我的第二个师父——小林国雄

我的第二个师傅是日本的盆栽大师，日本称为盆栽巨匠，也是世界盆栽大师小林国雄先生。他的盆景园就是大名鼎鼎的春花园*，位于东京江户川。我在小林老师身上看到了他很厉害的地方——脑筋灵活、善于思考、埋头工作、不懈学习、不断创新。他是日本盆栽界的顶级大师，也是日本水石协会的理事长，同时也是收藏中国、日本古代花盆的大藏家，对古代中国宜兴紫砂花盆和广东石湾花盆研究很深。曾几何时，一大批顶级的出自名家之手的明代、清早期的宜兴紫砂花盆、景德镇花盆、广东石湾花盆，都被他所收藏，包括大清雍正年间制的宫廷官窑"铁砂釉正方盆"。

还有时大彬①、徐友泉②、萧绍明③等名家所制花盆，都在他

① 时大彬（1573—1648），号少山，又称大彬、时彬，明万历至清顺治年间人，是著名的紫砂"四大家"之一时朋的儿子。他在泥料中掺入砂，开创了调砂法制壶，古人称之为"砂粗质古肌理匀"，别具情趣。
② 徐友泉，男，出生于明万历年间（1573—1620），名士衡，是一名陶艺家。
③ 萧绍明，清初紫砂名家。

的收藏之中。他还为古代花盆专门写了一本书,名叫《盆栽艺术·地——小林国雄之世界》(《盆栽芸術‐地‐小林國雄の世界》)[1],他自己珍藏的中国、日本古代花盆尽收其中。这本书很值得大家去看看,里面关于花盆的内容比博物馆还要丰富。

小林国雄老师现在近70岁了,但是学习能力依然很强。几十年前,他创作的一棵盆景被日本的总理大臣收藏了。那棵盆景的树龄有400年,是一棵真柏,为造型中规中矩的一棵日本盆景,日本叫模样木盆景。然而十年前,他又从总理大臣手上把那棵盆景接回来。在之前,这棵树是三角形构图的模样木,斗笠型的。他要回到手上之后,花了十年的功夫,不是修这棵树,而是修炼自己。这十年里,他因讲学交流经常来中国,来看中国的山水树木,来看中国的各大(流)派的盆景,他看到原来中国的盆景风格是多样化的,树木结构不全是稳定三角形的,看到了与日本的盆景风格截然不同的一面,他搞懂了中国盆景的审美与市场导向是怎样的,原来盆景这么做是会更好看的。于是,他重新创作了从总理大臣手上要回来的这棵真柏盆景。他把他理解的山水树木和中国的审美融入这棵盆景中。原本木讷呆板的三角形的树形被他分层裁剪、掏空了,这棵盆景的结构发生了巨大的变化,规矩被打

---

① 小林国雄著,《盆栽艺术·地——小林国雄之世界》,美术年鉴社,2010年。

破，动态被释放出来了，改作完成后的效果感染力极强，显得轻快而野性，生机勃勃。小林老师在去年（2017年）中国如皋国际的盆景大会上，为这棵盆景做了一个PPT，把这棵真柏盆景从三十几年前是怎样的，二十几年前是怎样的，十几年前是怎样的，现在经大改后是怎样的，整个过程都用图片呈现出来，并把他个人这十几年通过不断学习、自我提升的审美思路分享给整个盆景界，大家看了都非常佩服和赞赏，佩服一个世界顶级盆栽大师还在不断努力学习、吸收、求突破（图6-2）。

高档次的盆景是艺术，都应该具有自己的独特风格，千树一面的三角形斗笠（型）缺乏艺术性，并不符合中国人的盆景审美，市场也是个主导因素。我们盆景行家去日本看到了三角形的盆景扭头就走，去看别的了，没兴趣买。三角形的盆景在中国并不受欢迎。

目前来说，小林国雄老师是全世界范围内讲学最多、活动能力最强、推广盆景力度最大的盆景巨匠（日本称盆景大师为巨匠），他一直都在为整个盆景界作贡献。如果说中国盆景和日本盆栽之间有什么可以互相学习的地方，我认为这个层面挺简单的，只有一点，就是艺术性。就是要用艺术的眼光去看，否则，无论是日本风格的大三角造型，还是我国台湾风格的球状绿化树造型，或者是黄飞鸿式的岭南盆景造型，它（们）千篇一律、千树一面，缺乏艺术性，没有艺术生命力。

现在的市场,也因为我们中国经济越来越好,中国人都跑到日本买盆景,买完以后就带回中国。通过这种交流,也影响到日本盆景界创作风格的改变。

## 1.3　求学春花园

由于自己喜欢盆景,早些年我去日本拍卖会买古董的时候,就喜欢到处看盆景,后来就跟小林国雄先生、木村正彦\*先生、森前诚二\*先生购买了不少日本盆栽,成为他们的大客户。木村正彦先生一生中最有代表性的杰作,就是被我买回来了中国,这件作品发表在1987年的日本《现代盆栽》杂志上。这是一件600年树龄的真柏野生树桩,当时历经磨难,奄奄一息,到了木村先生手上后,起死回生,乾坤倒转。经过木村先生近30年的呵护、培养,这棵真柏生长茂盛,成才了!木村先生用他鬼斧神工的创造力,将这棵真柏雕琢造型,变成一盆世界闻名的真柏作品。多少年来无数的客户、富豪想求得此树,木村先生都不舍得割爱,世事就是那么讲缘分。记得那天在木村先生的盆景园里看盆景看到太阳落山了,在小林国雄先生和他的私人翻译吴姐的努力撮合下,木村先生欣然同意了割爱转让。当时大家都很高兴,这一刻已不是钱的事情了,是三方相互的投契、相互的信任和相互的欣赏。木村先生这件真柏作品当时并没有作品题名,盆景回到中国后,我请教木村先生和小林先生起什么作品名合适。最后我按照两位先生的思路,起名《白升龙》,两位老师都觉得很好,这件闻名世界盆景圈的大作从此落户中国（图6-3）。

我是出身岭南盆景世家，为何又去日本学盆景呢？其实这对我来说是很必然的事。当我从日本弄了许多盆景回来以后，这些不同树种的盆景的养护、修剪、病虫害等问题就来了，特别是广州的天气是常年高温高湿，极不适合北回归线以北、高海拔、需要大温差的植物，比如五针松、杜鹃、赤松等等树种，还有就是修剪养护方法、规律、造型技法等等都与岭南派有着很大的区别。对日本黑松、真柏、紫杉、桧柏、杜松等等树种可以说是知之甚少，我咨询身边的若干盆景前辈也没人能跟我讲个明白，看来这明显是流派之间（认识的）局限性造成的。众多原因之下，我真心向小林国雄先生提出要拜师学艺，到春花园从头学起。小林老师欣然答应收我为徒，于是，人到中年的我又走上了日本求学之路。

我在春花园已经学了几年了。因为工作的关系，我是分段学习的。我每次在日本待上一个星期或十天，哪里都不去，直接到园子里面住。一般拜师学艺有几种形式。有些徒弟会和老师签约，学三年、五年或者六年。学完以后，满师出山。像我现在这样的情况，只能分段去学习，因为我的时间不允许。

我每一年都得去，现在还有去。每年只要抽上时间，我就到老师的春花园去生活上一小段时间，干上一小段时间，我觉得很有意义。他的园子有一个现象很值得我们去深思的。每天早上八点钟到十一点，总会有一两个日本人来老师的春花园义务为园子打扫，捡树叶，做杂务。他们几十年如一日，从来不收钱，连水都不喝一口，定时定点，每天早上都来，来了以后跟大家说早上好，就开始打扫，默默地干，做完以后，和大家说声再见就回去了。这个就是值得我们佩服，值得我们思考的。为什么这么讲？因为不光是一个人这样做，很多人都是从他们年轻的时候开始一直干到现在，几十年了，有一位七八十岁了，还是每天来。他们不做盆景，但是他们热爱盆景，希望每天能接触到园子，亲手为盆景园做点事，捡捡树叶，打扫一下。这种心态真的很令人佩服，他们虔诚得不得了，他们把盆景当作信仰，这个是很值得我们去思考的。

## 2　不断创新——谈木村正彦的盆景

我因生意关系，与目前世界第一的盆景大师木村正彦有生意上的交往。他的顶级作品，只要他愿意割爱，我们都会出手购买，因为这些作品艺术性很高。说到木村正彦，他从（二十世纪）六七十年代开始一直到现在，整整统治了日本盆景界几十年。他从年轻力壮一直到现在七十多岁，都是直接引领着整个日本盆景界（的发展）。他是个顶级的人物，我们中国人非常认可他的作品，因为他有创新。他其中一个系列的作品，是到我们湘西武陵源①采风之后创作的。这一个系列作品就是山石盆景。他的风格已经改了，不是采用日本常用的卧式石头，而是改成立式石；不是高耸悬崖式，而是刀锋式的，就像我们看到的张家界石头，那里的石头都是这样一层一层的。结果木村他看完了以后，就萌发出了创作思路，回去之后就创作了这一系列作品，极其漂亮。石头都是他亲手做出来的。做完了以后，再立石，接在刀锋上面，再一层一层种上小树，就像仙境一样（图6-4）。这种风格在日本以前没有人做过，他太厉害了。欧洲人和中国人都喜欢这种作品。他的作品极其有限，出了大概十件左右，早早就全部被订完了。他的作品艺术性很高。包括去年世界盆栽大会②上面，他用这一系列的作品做了一个现场表演，全场都鼓掌。所以我看到，现在不管是日本的、中国的还是其他国家的盆景人，都在改变。这个改变是艺术上的，因为艺术是相通的，不是单一的某个民族的特征，没有局限性。

实际上，我们盆景最早出自哪里？我们先有了书法，再有了画，画卷上面，把山水、树木、花鸟融在一幅画里。然后盆景就是借用了国画的思想，从国画里面提取出来，把自然

①  湘西武陵源，即武陵源风景名胜区，地处湖南省西北部的武陵山脉中段桑植和慈利两县交界处，隶属张家界市。武陵源以石英砂岩峰林峡谷地貌为主要特征，共有石峰3103座，峰体海拔500～1100米，高度几十米至400米不等，这种特殊的地貌形态被命名为"石英砂柱峰"地貌。
②  指2017年在日本大宫市举办的第八届世界盆栽大会。

界里面大的树木浓缩到一个盆里面,方寸之间,美自然就展现出来了。我的理解是中国山水画是将自然美景入画,盆景正是将浓缩的美景出画。

# 3 向日本盆景学习——谈日本盆景的系统化

## 3.1 日本盆景工具

日本盆景不管是工艺流程、工具,还是平常的养护,以及盆景园里面的布局、打扫,每一样都做得很细很细,都是系统化(的)。他们有个表格,一年里面,什么季节该干什么,一月份该干什么,二月份该干什么,三月份该干什么都清清楚楚写出来;甚至精细到1月3号、1月8号、1月20号该干什么,什么树干什么,修剪、造型、打药,甚至打什么药,这全都有表格说明。

在管理系统化后,个别的盆景园会因不同的流派、不同的师傅而有自己比较拿手的一些秘诀,他们有他们自己的一些精细的地方,这些细微的地方就会不一样。但是不管怎么样,在工作的整个程序以及操作上面,他们想到的东西很周到。比如说,一盆松树,他连修剪都有一个标准。松树拔针叶的时候,上半部分留3根针,中间留5根(针),下面留7根(针),多一根不行,少一根不行。这是他们总结出来的。你要是不这样做的话,还真出问题。会出现什么后果呢? 树会乱长,即它不是按照你想的去长。他们经过漫长的时间总结出来经验，并且记录下来，形成表格。所以现在在日本（盆栽创作）已经是系统化、精细化。他们前期的观测，还有记录、观察，都是非常严谨的。而我们中国一般是口口相传。在我们国内师傅怎么说，你就怎么做。但在日本，这些东西都已经数据化了，技法上有标准化的。但是创作思路每个人是不同的，那有没有本事就看创作者，这是两个范畴。不同老师在教徒弟的时候会有一些导向性。

工欲善其事，必先利其器。日本的盆景工具很多。像剪刀，会有若干种。像这个最小的剪刀，叫芽剪。芽剪是剪嫩芽、剪松针的，但是它不可以用来剪大枝条，会把剪刀剪坏了。拿大剪刀剪小叶子的话，一剪就有可能夹住叶子了，剪不断，所以只能用芽剪。这种芽剪很锋利，剪得很好。但是芽剪是不能剪枝条的，剪了的话那把剪刀就废了。那第二个，是这种中等的剪刀，剪中小枝条的。这种是剪稍粗的比较硬的大枝条。那这种，这种就（是）剪粗的枝条的。那像这个镊子，是摘叶拔针用的，松树、柏树的叶子很细，用手在里面摘一般做不到，就用这个镊子。而且日本的黑松针叶非常硬，扎手的，下手很难弄，又长，所以通常都会用到镊子。日本的剪刀很讲究，很贵，我有一把剪刀是找一位80多岁的日本老匠人定做的，手工打出来的，上面还刻着我的名字。这把剪刀（费用）是5万日元，大概3000多（元）人民币。这把剪刀是终身保修的，这剪刀什么时候不行你就把剪刀拿回日本去修，或者你隔三差五地把剪刀拿回日本去,他就再给你修一次。剪刀就相当于是理发师的剪刀一样,其他人都不能碰,只能自己用。

那在技法上面,会用到铝条或者铜条。在日本用铜的比较多,铜硬一点,而且颜色比较好,但是铜成本比较高,所以我们国内几乎没有人用。铜太贵了,我们用铝丝。铝丝里面就有分粗中细,我们会根据不同粗细的树枝使用不同粗细的铝丝。像这种剪刀就是专门剪铝丝的。

还有这套工具,这在传统岭南派肯定是没有的。这是刮刀,是做舍利干①的,树上的白骨,就是用这套工具做出来的。这套工具是我们中国做的,做得很好,我们以前没有这种工具,因为用不上。但是,因为近年国内在大量学日本盆栽的做法,结果这种工具就慢慢做出来了。现在小林老师来了中国都追着这套工具来买,它很好用,比日本的要好用。

岭南派对工具要求简单,因为岭南派直接从树胚上就有优势。我们这里有地理环境的优势、气候的优势,所以树胚长得快。我们想着以后这个树要长成什么样,心中有幅画,然后首先拿锯,给树胚动大手术,要去掉哪些枝干,去完以后,小的枝条用剪刀(处理),连这种小剪都不需要,我们用不着,因为我们不是剪叶的,我们是直接剪枝条的。因此我们的前

① 天然形成的舍利干,是自然界树木中的一种客观存在的现象。人们经常可以看到,由于风吹雷劈、砍伐践踏、虫蛀蚁咬等等外在因素的影响,自生生长的树木往往有部分树体死亡,形成枯荣互见、生死相依的局面。这种枝型被引入盆景,通过精工巧雕,形成人工舍利干,表现出古朴粗犷的风格。

辈最多就用这种剪刀，因为它能"大小通杀"，不管粗枝条还是细枝条，全都是用这一把剪刀，顶多带上一把锯子，就可以全部搞定。这个真的是因为流派上有很大的差异。

## 3.2 日本盆栽分类

在日本，盆栽大致分了三大类。一是松柏类盆栽，二是杂木盆栽，三是山野草盆栽。杂木盆景我们岭南派做得比较多，像雀梅、九里香、朴树、山橘等等在我国台湾和日本他们都把它归类到杂木盆景里面。杂木盆景长得很快，松柏长得很慢。但松柏的寿命很长，（有）1000年或者更长。比如说黄山上的迎客松，都不知道多少岁。那还有一个类叫作山野草，山野草是哪一些？实际上连多肉盆栽花卉都算山野草。你想得到的、想不到的盆栽，都包含在山野草这类。Bonsai就包括松柏类盆栽、杂木类盆栽和山野草盆栽。我们以为盆景就必须是做了艺术造型的，必须是什么门派、什么风格的，实际上不是的。我们谢荣耀会长曾经有一篇很好的文章《让岭南盆景进入千家万户》，实际上日本盆栽这种分类就很好地推动（了）盆景进入千家万户，不一定要艺术修为很高的人才可以做盆景，从山野草下手就很简单。你可以培育，可以到山上去采花，也可以去买一些回来，你按照你自己的想法做，只要让你的生活、让你的心情好，这就是盆栽。我们到了日本以后看到每家每户门口，会弄一个小景，种在马路边上，是自己负责养护的。他们隔三岔五就自己换换花，换的植物都很漂亮,这不是市政园林去做的事情,是每家每户自己愿意出钱自己做的。

## 3.3　日本盆景的地位

从历史上来说,日本的盆栽应该是盆景,我们中国叫盆景,日本叫盆栽(bonsai)。盆景是在唐代的时候从中国传到日本的。我们中国的盆景早于唐代以前就已经有了,在古画、壁画上面我们都能看到盆景。一直到后期,我们国内经历了不少的战乱,也经历了不少的朝代更迭,虽然盆栽盆景能留下来,但是中间的传承与发展有很多的困难波折。

但在日本,从唐代开始一直到明清,他们的盆栽发展得越来越成熟,在他们日本的江户时期,相当于我们的晚明到清早期,他们的盆栽就基本上定格了,定格的风格比较明显,他们行业里面叫模样木。模样木是三角形构图的盆景,这个风格一直延续到现在。

我们看到每年日本的盆栽大展,也叫作国风展,包括几年一次的全世界级别最高的盆景大展。在这两个展览上面所看到的盆景风格,不管是金奖还是银奖,100%都是日本盆景的风格。我们看不到中国风格的盆景,当然在这里面也缺乏岭南派的盆景。在这种国际性的大赛里面难觅我们中国(风格)的盆景踪影,为什么会这样呢? 一个是市场会有它的主导性,因为市场需求会推动它们的发展;第二个就看文化艺术类的交流和学术性的趋向。不管怎么说,现在我们看到像亚洲，除了日本以外，我国台湾地区、韩国、菲律宾、马来西亚、泰国、越南，很多很多能数出来的地方，它们大部分的盆景风格与制作技法都是源于或学习日本，所以日本盆景的风格和技法在亚洲盆景的范围内占的比例很大。然后北到俄罗斯，南到墨西哥、澳大利亚，还有到欧洲，我们看到的这些国家的学生全部都跑到日本去学盆景，比较少见到来中国学盆景的。这是国际形势。在全世界盆景界的外国人的脑子里，要学盆景就去一个地方——日本，他们认为这个地方才是他们要学盆栽最正宗的地方。所以这一点是我们要深思的。这里没有褒与贬的意思，它是个现象。

## 4　日本盆栽与岭南盆景的对比

实际上我们看日本的盆景也会觉得跟我们的风格有相近的地方，也有可以改良的地方。我们创作的盆景跟日本盆景就会有区别。像这本书（《西泠印社二〇一六春季拍卖会中国园艺盆景专场》）封面上这棵盆景，这种就是典型的日本风格的盆景，它是三角形的构图，从大体上看树是一个大三角，然后局部再用多个小三角构成。这类盆景的要求是稳重平衡。有一部分好的盆景还会有空间感，像这棵的空间感就不够了，就稍显呆板了。所以一般他们叫这种盆景模样木，标准型。长成这个样子的才能进国风展，造型奇特的盆景连入围资格都没有。你看我们随便翻一页，都是这个样子。像模样木这种结构的盆景,在日本,北至北海道,南至四国、九州,你在盆景园里面看到的绝大部分的盆栽,远远看去都是模样木这个样子。实际上这种模样木盆景跟我们中国人的审美对不上。这种盆景郁郁葱葱的,年份也够,但是艺术性一般不高。

日本的盆栽结构很严谨,用三角形构图。那(中国盆景)从风格上面就可以看出不一样,特别是柏树。像这种它的结构也很好(图6-5),我们可以看到明显的动和静,这棵树的骨架是动的。让植物的叶子动很简单,风一吹就动。但是像这棵盆景它把叶子变成静态的,把骨架变成动态的。把视觉上面本来不能动的东西,变成动态的,把原本动的东西变成静态的。第二个是颜色,像这棵盆景的树干是白色的,是枯的,白骨铮铮。树叶是绿色的,是荣,是绿茵的,繁盛的。那这两种颜色摆在一起,是视觉的冲击。很明显从艺术创作上面来看,这种生死枯荣的结合是很好的。你试想一下没有了这种骨,就光是树叶就很像绿化树,对吧? 这样它的艺术性没有了,它只是起了一个绿化的作用,就不叫盆栽艺术。

近年,我发现了一个现象,岭南派和国内其他流派都有不少盆景采用了三角形构图来造型,我们可以说这件盆景表面上是走国际化路线,但实际上应该好好反省,是不是走到日本盆栽模样木的老路上了。

我个人的分析，形成模样木风格的盆景的构图，有两大原因：一是三角形结构，下大上细十分利于树木各层的叶子充分接受阳光的沐浴，整棵树达到最大化的光合作用，这是它的合理之处。二是有可能因为日本是个岛国。我们看到很多日本的盆景都是以富士山为主题，富士山就是这样一个三角形的造型。日本这地方是个岛国，是大海上的岛屿，而且经常有地震等等的自然灾害，所以实际上这个三角形是表现一个海岛，而且三角形是稳定平衡的形态。他们树木的构图是三角形的，赏石的构图几乎全部都是卧式的。

小林国雄老师是日本水石协会的理事长，他的赏石水平在日本自然是顶级的，我参加过很多次日本盆景、水石界的拍卖、展览，他们的赏石几乎没有立式构图。像我们中国的赏石就有立式的构图。我们讲究的跟他们讲究的不一样，我们不仅喜欢立式的，还特别喜欢云头雨脚的倒三角，通透的、有洞的、稀奇古怪的，总之要符合"皱、瘦、漏、透"几大要素，长得丑的也有人喜欢。

赏石也是我特别喜欢的一个门类，我父亲是被授牌的中国赏石名家，父亲的另一个徒弟林南，为广州盆景协会副会长，也是被授予中国赏石名家称号的。父亲还是1980年代后广东黄蜡石收藏的领头人，（与人合）著有《中国岭南蜡石》一书，他们以收藏当代赏石为主，我是古代赏石和当代赏石皆酷爱。

我拿一件日本赏石给大家看一下，就很容易解释了。

这个石头就不是山，不是石头，它表现的是大海和一个海岛（图6-6）。我们中国表现的石头只是一个石头，独立的一个石头。所以它们连底座都不一样，日本奇石的底座的寓意是个大海，我们中国奇石的底座的作用只是把石头撑起来，衬托石头。

那盆景的构图经常也会用到海岛和大海的意象，像这种盆景的构图在日本会见到，但在中国见不到。它用的不是普通的盆器，它用一块石板当作盆，那它是怎么表现它的意象的呢？ 实际上它想要传达给你（的是）这个不是盆栽，这是一个海岛和一棵海岛上的植物，下面的石板就是大海。所以日本盆景在大结构上面会有跟我们的思路不一样（的地方），我们会有一个框定的地方，所以创作上面他们也是沿着这个思路，从江户时代开始，一直到现在已经成熟了。

总之，各个地方的盆景都有自己的风格和特色，都可以互相学习和借鉴，取长补短，这样才能促进盆景的与时俱进和发展。我不赞成站在某个流派的角度去评价另一个流派的不是，因为每个流派都有自己的过人之处，同时也不赞同闭门不出就自夸本流派为天下第一的井底蛙之谈，艺术应该是各有长处、百花齐放的。

图 6-1 《地藏楼》图［西班牙版海幢寺外销组画编号 22 之《地藏楼》图，1796 年，册页，纸本水粉，41.3cm×50.2cm，广州海幢寺藏（局部）。图片来源：广东省博物馆、广州市海幢寺编，《禅风雅意：岭南寺僧书画暨海幢寺文化艺术展》，文物出版社，2021 年］

图 6-2 小林国雄改作真柏前后（图片由日本春花园盆栽美术馆提供）

图 6-3 《白升龙》图（1984 年，这棵奄奄一息的真柏被送到木村正彦先生处急救救治、养护、雕刻，三十多年后成名，名为《白升龙》。图片来源：木村正彦，《近代盆栽》，近代出版社，1987 年）

图 6-4 木村正彦盆景作品（图片由劳辉提供）

真柏　古滝乌泥长方　104cm
*Juniperus chinensis var. Sargentii*

图 6-5　劳辉讲解日本盆栽结构（图片由劳辉提供）

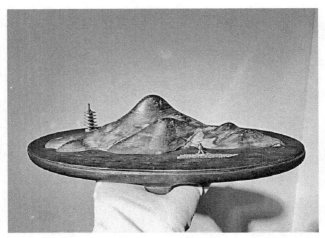

图 6-6 日本水石（图片由劳辉提供）

# 盆景技艺修剪示例

## 盆景型格示例

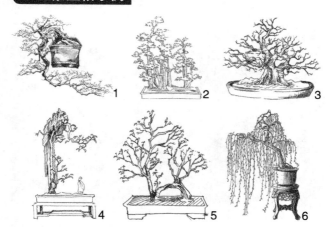

1. 抱月式（来源：黄磊昌，雀梅）
抱月式也叫捞月型，在悬崖的基础上，树干俯伏旁逸，跌宕回旋，情态犹如下探捞月。

2. 丛林式（来源：黄基棉，福建茶林）
丛林是表达林木葱郁的森林片段，古木森森，静谧而深远，布局要求错落有致，层次丰富。

3. 大树型（来源：黄磊昌，雀梅）
大树缩影，形态多样，主要表现自然中苍天古树的姿态，树头与树干一气呵成。

4. 附石（来源：黄基棉，《无限风光在险峰》）
树石相结合，表现奇峰妙境，树根在石缝中盘根错节，浑然天成。

5. 连理枝（来源：罗伟源，九里香，《拱桥春色》）
树木一头多干，树根盘结，分枝参差错落，每棵小树都姿态各异，独立成树，相映成趣。

6. 柳格（来源：高飞，小石积）
柳格模拟杨柳婀娜之态，细枝下垂随风摇曳。

绘图：陈芷欣、张芷瑜

# 翁加文：没有时间就没有好作品

翁加文与岭南民艺平台采访者采访合照

**受 访 者：** 翁加文

**简　　介：** 翁加文，1953年生，广东汕头人，祖籍潮汕花乡潮安金石镇翁厝村*，出身花木世家。现任汕头花卉盆景协会理事，曾任汕头金砂公园副主任、汕头市城市绿化管理处主任。

**访 谈 者：** 翁子添，陈芷欣，罗莉薇，肖秀莹，邝晓晴，吴琼冰，张芷瑜

**访谈时间：** 2019年2月13日

**访谈地点**：汕头市金平区，大洋花园

**整理情况**：2019 年 3 月整理

**审阅情况**：经受访者翁加文先生审阅

# 1 园艺人生

1970年，我就从学校毕业到邮电局（工作），当时我已经十多岁了，差不多18岁。然后我在邮局干邮递员干到1981年，也有十多年了，感觉还不是我的兴趣，因为我们祖辈都是种花种树的，所以我想（如果我继续在这里工作的话）再过十年我也还是邮递员。但是如果我去种花的话，再做十年我就是老师傅了。所以1981年我就跟一个公园的职工对调（岗位），到中山公园*的盆景园工作了。这个盆景园前身是"花展馆"，后来扩建为"馆花宫"，馆花宫内建小庭院的目的就是摆设盆景和培养盆景。1981年到1987年我都在馆花宫工作（图7-1）。

1987年，我就调到金砂公园工作。金砂公园*是新中国成立后汕头政府第一个完整建设的公园。1987年，金砂公园开始建设。1991年，金砂公园开放，我在公园是负责绿化的工作，带领几个年轻人一起做绿化工作。应该说，我的整个精力都投入到这方面去了。我真的特别喜欢植物。

1999年，我调到城市绿化管理处。城市绿化（管理）处就是负责整个城市的行道树、公共绿地的管理。从原来单个公园的绿化管理到整个城市的绿化管理，责任就大一点了。我在城市绿化处一直干到2013年退休。因为我对植物感兴趣啊，也是受到了家庭的影响，从小我就感觉种花种树很骄傲，哈哈。后来子添受我影响，我的孩子也受我影响（去学了园林）。

　　我们祖辈都是搞盆景的，以盆景为生的，所以家里人对我的影响是与生俱来的。我感觉我很自然有这个兴趣，而且对艺术类的实物比较有感触。你看我玩一些石头，玩树根，我都喜欢看它的形状来加以利用。

　　我是在中山公园工作的那个阶段开始正式创作第一个自己的盆景。我的盆景园有两棵九里香，都是当时那个阶段开始养的，是当时我们去山上采下来的，已经养了30多年了。我改了（又）改，随着我对它认识的深度加深及我的喜好的变化，不断地改进构图。这盆盆景最初我是想培养（成）一个金凤树冠的盆景，因为我们汕头的市花是金凤花。现在这个造型已经变化了。中间有一些阶段因为我精力有限，所以有一些枝条都坏死了，就重新造型了。还有后面这棵盆景也改了很多次，原来这部分很成熟了，但是我觉得不如意，现在我准备用另一部分做飘枝①。

# 2　师法画理

　　我有一套《芥子园画谱》，我学那里面的树——树的构图、枝法、画理。不同的品种、不同的树胚应该用不同的枝法

---

①　飘枝，岭南盆景枝型的一种，该枝形状苍劲又飘逸，常出现在飘逸的斜树，或者是自然大树的一边，它的形状是平行中而稍向下飘，主脉回旋跌宕，曲节流畅。选用这一枝型能增强树势的飘逸动感。

去完成它的树冠。所以一个成熟的盆景是可以在枝条上看出培养者的性格的。桩材都是天然的，我们是利用桩材来造型来培养，从枝条就可以看出培养者的功夫。我觉得我现在还没有真正比较满意的作品，我在不停地学习、变化中。

我经常有这样的感触，培养的过程就是一个欣赏的过程，结果怎样是另外一个阶段的事情，但这个漫长的培养过程就是你感兴趣的过程。创新也是随着桩材的自然形状来做。我学习过很多名家的作品，我觉得都很美。我觉得它的美是整个构图的美，但有些材料和这些作品不一样啊，怎么办？所以我喜欢用比较自然的，植物本身的枝条比较合理的，构图和造型比较美的（桩材）来创作。我喜欢看别人很成熟很完美的作品，然后我学习他们，再根据自己的感觉和理解来做，但是还是要服从植物的特性。举个例子，黄杨和罗汉松*的生长特性完全不同，那这两种品种的造型和枝条就要区别对待，我们要对不同的植物都有理解。现在市面上的一些罗汉松作品基本上都是满冠的，所以我在尝试学习将岭南派表达树干枝条的美的手法用到罗汉松上。我很喜欢用不同品种来做盆景，无论好跟坏，能够成活的桩材，我都利用。我服从它们生长的特性，我去为它们服务，照顾它们，看它们最后能不能为我所用。虽然我不可能跟其他大师一样去创造一个模式，让大家觉得很震撼。

这里这棵神秘果*，我以后打算做成一棵文人树，我认为文人树的关键是,它的线条很简单,但是整体很完美。从根部到树干到枝条,我都在培养这个品种要在半阴环境下生长,太晒它生长不了,在海南岛它是在高大的大树下面生长的,它有它的特性,所以我搭了一个棚让它在半阴的环境下长大。生长过程不一样,它可以让你培养的造型也有所不同。我一直都在学习,我跟着植物的生长特性去培养它们。这棵榆树,是最小叶片的榆树,现在它的叶片这么大是为了让它的枝条长大,其实它的叶片很小。压在石块下面的是青苔。是因为去年(2018年)11月份的时候我修剪了它的大根,压这个青苔让它重新生长小根,再培养大根。

这个垂叶榕*,市面上还没看到有谁去做这个品种,所以我就在尝试用它做盆景。上盆种植的垂叶榕在半隐蔽环境下生长最好,有太阳的地方它生长不快,所以我把它遮挡起来。这个桩材是1988年由原来的绿化苗取其桩头,到我这里来种植的。1988年我到广州花卉中心*那边的一个花圃,当时单位去那边采购花木,我看见这么一棵树就买了,已经30年了。什么品种我都尝试,都把它看成一个桩材来培养,像这样的培养是比较少的,它费工夫,市面上卖不了钱,但是我是纯粹的爱好,我希望到最后有几盆比较成熟的盆景让人看到觉得有点不一样。

我在花圃里有一棵根盘很漂亮的瓜子黄杨*(图7-2、图7-3),是在中山小榄买过来的,买过来30年了。那里有一棵罗汉松也是我亲手（养）的，也是20多年了。还有一棵，我查过了，我查的书里面有两个名字，还没有搞清楚，第一个名字是长苞铁杉，还有一个是油杉＊①（图7-4）。这个品种也没有人培养到像我这盆这样的成熟度，因为它的叶片很刺，所以没人做。我专门挑一些别人还没有尝试过的来尝试，我很喜欢这些，因为我本身对植物就有爱好，经常思考怎么让它成活、活得好。只有它活得好，才能够让你有去修剪它的条件，所以对每一棵树你要懂得它的生长需求，要对它有感情，重视它的生长规律，让它长得好才有可能做盆景。

　　我之前弄死了一棵青枫②，是很好的桩材。这个材料特别好，是一棵很粗壮的青枫，而且是岭南做法的枫树。后来我去购买日本红枫嫁接上去，第一年成活了，长得很漂亮，第二年的夏天生长得不大好，到秋天就发现有枯枝了。当时我把它（树桩）本来的芽都抹掉，不让它们生长，希望嫁接的日本红枫枝条能够生长，结果它不愿意了，不开心了。经常有这种事情，种盆景肯定要弄死一些树桩的。很可惜哦，这个材料在我这里都十多年了。一定要让树先种活，长得好才能修剪，肯定要把它种活种好，才能任意地去弄。所以你的任意要建立在你对它的关心、对它的投入（上）。所以我在这里（天台盆景园）投入了好多的精力，我每天在这里最短一个钟头，

① 这盆植物后鉴定为油杉。
② 这里指鸡爪槭。

最长一整天都有，我有时间都在这里。如果我要出远门的话，我就叫别人来帮忙浇一下水，想尽办法去解决（问题）。

# 3　时间的艺术

说到影响，因为我比较少接触盆景（界）的名师，只能看他们的作品了。我喜欢岭南（派）的创作手法，它需要通过从大枝条到小枝条的过渡，通过根、板根、树干、大枝条、小枝条、叶片来完成一个整体的构图，所以（我喜欢）从岭南（派）的创作手法这方面学习。好作品都能影响我，但是在做的过程中，做的作品跟不上珠三角那些蓄枝截干，因为真的没有师傅直接教我，我还没办法学到珠三角盆景的层次，但是我顺从自然来做，让盆景的枝条过渡得漂亮、合理。

还有刚才说的《芥子园画谱》，真的很美，它也是从自然来的。里面很多树木的形状，我觉得真的很好学，但是要做到符合里面的画理、造型，要选好材，以及长时间地去培养。任何盆景如果没有时间的积累，看不到时间的感觉，就不是好盆景。

日本盆景大多是朝着商品的方向去走的。那也对，如果没有市场，那盆景就生存不了。日本盆景是从销售的角度去选择构图的，那我们也要学习日本这方面的做法。在我看来，日本盆景的特点，最起码它的盘根和树干是做得特别认真的，我们要学习（其）盘根和树干的搭配和选择。

其实，每种造型我都喜欢，我的材料决定我去做哪种造型。我很愿意尝试不同风格的东西。我偏好的整体风格应该是自然的，特别是大树型的。自然界中，大树它能够存在，它的造型一定是适应它周边的环境的，再加上一定的艺术性，它（就）有一定的内涵。你看木棉树它是参天大树，直立的，很挺拔的，它也是一种风格。榕树，它的树冠很宽，也是一个风格。所以模拟自然，灵感是源源不断的。当我们去观察自然界，就会发现有很多可以学、很多风格可以表达。因为我本身是做绿化的，所以我对树有感情。我喜欢大树型，还喜欢一些比较怪的、苍老的盆景。因为我现在所做的盆景都是我从小苗开始种起，基本上都应该是归大树型这一类。

　我觉得一棵盆景是否完成要看小枝条的表现，一棵成熟的盆景每当新枝新叶长出来的时候，整棵树都很漂亮，因为新叶一展开，树冠就会很丰满。你要不断调整小枝条的层次、密度、宽度，调整好了，新芽一长出来很完美的，就是成熟了。不同的品种，新叶、新芽的生长会有不同的个性，你都得服从它的个性，然后安排好了，那就是完成了。

　对于成熟的盆景，我觉得也应该不断地进行再创作，因为我的认知在改变，就像我年轻的时候对盆景的认知和我现在这个阶段的认知肯定有不同。因为我喜欢变化，所以成熟的盆景它也有变化，也有必须调整的空间。对于盆景基质处理的经验，我是从几次失败的经历中总结出来的。例如，一般松树都生长在山地酸性红壤（中），但是上盆（的话）单纯的红壤透水、透气的特性比较差，要调整。我去调和红泥和腐殖土①（的比例），还加一点细沙调和，让红泥的黏度降低一点，透水能力强一些，这是我对松树盆景土壤的搭配，最后成功了。当我给松树换盆的时候，一拔起来，都是新根，根尖都是白色的，就证明根系对土壤是喜欢的，所以它生长得好。不同树种要有不一样的土壤配置。在一个花盆里怎么保证它的根系生长好呢？其实要解决的就是排水问题。排水有很多手段，我以前尝试过用硬网叠上去，以为用了这个网，盆景的整体排水就会好，但是结果不是这样的，它的黏土在花盆底就积在一起，没办法排水。最后我用的是粗石砾加大中小的石砂一层层地叠起来，然后才是腐殖土，这样的土壤配置透水效果很好。盆景的根系生长到这些沙砾处也喜欢往下生长，如果排水不好的话，根系不喜欢水就会在周边生长，不往下（生长）。所以，任何一个品种的花盆的排水都是这样的，都需要尝试。

以前的盆景花盆底就是两个瓦片一盖，泥土就覆上去，花盆底部的黏土就板结②了，排水就不好了。如果树种的根系

---

① 腐殖土，是传统的腐烂土，由植物物质以及各类有机垃圾（如厨余）组成的一层混合物，天然腐殖土是森林中表土层树木的枯枝残叶经过长时期腐烂发酵后形成的，用于盆栽。产业化后的腐殖土多为木材加工厂将木材碎料挖坑掩埋，待几个月后开采，无处理直接出售。
② 板结，在浇水或降雨后土壤因缺乏有机质而结块变硬的现象。

很发达，没问题，如果根系稍微弱一点，它的生长就会受到影响。所以说任何一个树桩上盆，都是在一个特定的环境生长，那你要理解它，要给它创造这些特别的环境，让它生长得好。要先让它活得好，（后面）才能做盆景的创作。像这棵茶花有一段时间生长得不好，（首先）我了解了一下茶花要有酸性的红泥，然后它的根是比较脆的，有点肉质，但是很细，所以它喜欢比较松软的土壤，但是太松的土壤又不能固定整棵树，所以我在盆面铺了些细沙，细沙能够稍微压住这个土层。其次茶花需要多水，但排水也要好。把矛盾解决好了，它才能长得好。你要通过实践，去认识每一棵树的根系对土壤的要求，我也是在失败的过程中总结（经验）。比如柑橘类、芸香科这类，它的根系非常喜欢水，但是它害怕土层太厚的地方，在太冷的地方也长不好。你看广州人在种柑橘的时候，一个盆那么高，泥土这么少，整个花盆都是根系，就是它泥土好，排水好，水充分，它的根就长得好。很多树根都是这样，有时候刚上盆水不能太多，会积水。浇一半水也是不对的，任何上盆的树桩都要大量的水，在有大量的水的前提下保证它透水好，它肯定生长得好。有的人觉得要控制一下，不要浇太多水，不然会积水。我觉得，这些都是基于你的排水不行的想法，结果都是坏处多多。所以我这里浇水都是浇很透的。包括冬天，我也浇水，冬天植物也耗水，北风一刮，叶片的耗水量更大（蒸腾作用更大）。所以我现在是技术偏重于艺术。

在嫁接上面我也是在尝试的过程(中),积累经验。我过几天打算给这棵福建茶做嫁接,这棵福建茶现在是中叶的,它只开花不结果。我打算嫁接小叶能结果实的福建茶枝条。榕树嫁接就比较容易了。然后茶花我也想嫁接几个品种,让它可以在不同时间开花或者(达到)有几个品种同时开花的效果。那边有一棵盆景接了有四个品种的枝条,(而且)接活了。还有罗汉松可以选择好的叶片的品种来嫁接到叶片比较差的树桩上,那边也有一棵罗汉松是嫁接成功的。我这里有好多都是我自己播种培植的。广西的珍珠罗汉松,是我自己播种然后培植起来的,这个品种的叶片不错。所以对于盆景首先要喜欢,然后要对它有认识,还要对它有感情。

我十多年来一直订购武汉发行的,之前由刘少红\*老师编辑的《花木盆景》。订购的时间(也可能)不止十多年了,这本杂志里边有很多我们可以学习的东西。对我影响比较深刻的一本书,应该是梁悦美\*那本[①]。梁悦美那本书我很早就买了。它是有关多品种植物的培植(的书),这个方向我感觉很好。无论什么品种,只要它能够适应在盆景盆(中)生长,都是可以做盆景的。花也好,果也好,叶片也好,都可以做盆景,所以这本书的这个方向很对。我们搞盆景就是为了欣赏植物的美,而植物的美是因为我们对它的投入,时间的投入、

① 梁悦美著,《盆景艺术》,台北汉光文化事业股份有限公司,1990年。

工艺的投入，然后它表达出来的是天然的东西，是有生命力的图案。所以真的无论什么品种都可以做盆景，都可以尝试去做。特别是有颜色的叶片，可以开花、结果的植物，它整个生长的过程都是可以欣赏的。从新叶长出来，到这个植物开花、结果实，这些过程都很美，都可以让人欣赏。搞盆景就是为了愉悦人们的身心，所以只要你对植物的美有感触、有体会，它对于你来说就是好东西。但是市面上的商品，是另一回事，那肯定是大市场，但是我们作为爱好者，要有这个感想、灵感——盆景的美在哪个地方？ 哪怕是一个季节的美也好，等一年或者有时候等一个很短时间的美也有可能。所以应该说搞盆景就是对美的一种享受，不是追求，说追求太理想化了，这是很现实的事。

做盆景的过程很享受，可以放松你的身心，对健康有益。所以我谈不上什么创作、流派、风格，（这些）都谈不上，主要谈得上的就是对盆景的喜欢和自己感觉很舒服，所以我什么盆景都弄。这一盆蜡梅*，我已经做了几年了，还没最后完成。以前做岭南盆景的老前辈对于蜡梅都是不屑一顾的，觉得做不好。我则是争取它生长好，这个蜡梅还在培养，今年都很不错了，结了很多花蕾，但是被小鸟啄掉了。

我准备去找棠梨*做盆景，它开花很好看。郑永泰老师那里就（有）一盆棠梨（图7-5），真的很漂亮。这个是蔷薇，它的树头和树冠头都很漂亮，我准备明年用来做盆景。现在我正在培植，让它的枝条变粗壮，起码要等到它根长好才能做盆景。这个荔枝我整个都要用来做盆景，它再粗壮我就要把它切除一些。这个品种的荔枝很好吃，它的形态很美，在去年的时候就开花了。那个是嘉宝果*，也叫树葡萄，我也准备用来做盆景。嘉宝果的皮很好看，切口也很容易愈合，而且愈合得很美。

广州我很少去，但是从发展来看，现在使用老一辈的岭南盆景手法真的需要很大的耐心。但是它也真的很精细，比如说蓄枝截干，真的很不容易。现在大家都放开了一点，我感觉到对比以前有点放开了。相比以前，模式化的现象现在有所改动，很多都是从这个桩材的形状出发，枝条也修剪自然。我没有去研究，都是从表面上看，现在很多作品都很漂亮，制作的人都很敢去想象。剪刀这个步骤在岭南盆景创作中还是保存的，盆景的成型离不开枝条的修剪。总的来说，盆景的整个造型（水平）真的是提升很多，以前都是比较拘谨的，现在都放得开。

盆景要美，肯定要有剪刀，不剪就没有美了。把枝条绑来绑去，盆景看起来会没有力度。这就是我的认识，我赞同岭南手法（中）剪刀的使用是很重要的。现在的人在盆景创作上也放得开了，因为品种多了、新人多了，每个新人出来，他就有新的手法，根本上还是遵从岭南（派），但是手法（上）肯定有新的东西。我看韩学年他就很厉害，他新的手法、新的图案,离不开剪刀的修剪,没有剪刀,树材就没有造型。韩老师想法放得开,他真的可以说是形成了一个风格。

以前广州市有个叫孔泰初的老师傅,他有一盆按岭南手法去剪的罗汉松,现在在汕头的一个富豪家。盆景随着生长枝条变得过多、很长,而富豪又不敢修剪,整个盆景的形就散了。以前我感觉那盆罗汉松是最漂亮的盆景,它是一个大树干,切完中间都枯了,树干都烂了,但是它愈合的部分很美。我那里也有一盆罗汉松,我要朝这个方向去修剪,但是等待的时间会很长,像那盆罗汉松,是1993年从老家买来的。所以说盆景(的成熟)要有时间,没有时间就没有好作品。但是这个等待的时间里你还要有投入,没有精力投入,时间也是白费。

# 4　盆景交流

1990年,去日本岸和田市*——汕头市的友好城市,是由于政治任务需要,不是学术交流,并不是把艺术带过去,但起码我们把潮汕一个小的盆景作品带到那边,还是有点影响的(图7-6)。在潮汕老一辈搞园艺的(人)眼中,进得了厅堂的有兰花还有薯榕(即细叶榕*)(图7-7),在富人家中是和酸枝家具搭配。所以,当时我们带了100盆小盆、有造型的薯榕过去。薯榕在日本是要用温室培养的,在冬天的时候进入玻璃(温)室。那一次去日本还带回了作为品种交流的小叶冬

174

青*，现在那些小叶冬青还在金砂公园。

1998年我到我国香港地区参加每年3月份在维多利亚公园举办的花展①。我当时带的也是榕树系列的盆景，它的体型大到要四个人抬。当时花展在前面摆了潮汕特有的榕树盆景，后面背景用的是一幅我们汕头市区的城市全景。这两个都是潮汕地区的盆景，以前搞盆景离不开这个品种。以前汕头本地的植物是薯榕，后来从广州引进了九里香、福建茶和雀梅。

当时去日本，我并没有产生对潮汕盆景和日本盆景进行对比的想法。日本人他们很欣赏我们潮汕盆景的特色，因为他们地理位置的原因没有这个品种。日本的经纬度跟上海一样，小叶榕在日本生长得不好，除非在温室里培植，因此他们很珍惜我们带过去的盆景，把它们培养得很好。日本人一旦要认真起来是很可怕的，他们把我们送去的东西保存得非常好。1998年3月，汕头园林学会组织参加在香港维多利亚公园举办的花展，主要是体现汕头当时（经济）特区的形象。园林部门领到这个任务后就下达（要求），让我们公园去参加。我们就要用这个榕树盆景作为题材，去参加花卉展，虽然跟我们以后盆景发展也不是那么相关，但是当时

---

① 香港花卉展览，是康乐及文化事务署所举办的展览活动，作为推广园艺和绿化意识的重点项目，于每年3月举行。花卉展览展出来自世界各地的花卉，并有本地、中国内地及海外园艺机构栽培的盆栽、花艺摆设及园景设计，更设有售卖花卉及其他园艺产品的销售摊位。

就有这个举动,体现我们汕头盆景原来是有自己的特色①的。但是这个特色,随着盆景市场的发展变化,也逐渐退位。现在榕树头都没有市场了,在以前是很有市场的,像我这样一块榕树头价格最高都要几千块钱,现在这个不可能卖这么贵了。以前榕树头都是天然的,现在福建、漳州有很多人工栽培的整个榕树。在以前,榕树的生长,是通过小鸟啄榕树的果实,然后它的种子随着鸟的粪便(落)在老房屋的墙头生长起来,所以又叫"鸟屎榕"。

# 5　谈盆景市场

谈一下岭南盆景,在我看来好像岭南盆景很少有跟人(其他盆景派别)争什么,它不用争,摆在那里就有一大部分人喜欢。岭南盆景的一个特别之处是,岭南地区的气候特点,允许它有现在所谓的杂木,可以做多品种的材料。像其他地方,例如黄河以北,因为地理位置和气候的关系只能用松柏为主,所以应该是对于不同地方的盆景,大家互相学习吧。在以前很少用罗汉松做盆景的,现在罗汉松都到处有。之前在岭南山松、黑松都很少有,大家也感觉很难栽培,现在不会有这种感觉了。我自己栽培起来感觉很容易,一年四季它的枝

---

① 潮汕盆景特色,潮汕盆景在素材上偏爱薯榕奇石,表现亚热带滨海的自然风貌,善于利用本土以及外地各色树木的枝干、根薯、奇花以及奇石的自然美、个性美,并能博彩各个流派所长。见陈少志主编,《潮州民间美术全集——潮汕盆艺》(2版),汕头大学出版社,2004年。

条都在生长，所以说对一个植物使用的认识要有个过程。以前对植物认识不到位就感觉（有）很多限制，现在你认识多了就可以打破限制，可以尽情发挥了，创作（可以）上一个层次。

制作岭南盆景要消耗很多时间，因此它的作品是很有艺术生命力的，这是我的理解。但是现在的松柏类盆景都是要人为调整到一个可以看的树状，它枝条的长势不是植物本身表现出来的特性，它主要表现虚枝实叶[①]。我们岭南采用的手法是经得起用"脱叶换锦"[②]来表现美的。这种盆景冬天都能观赏，没有叶片也是一个很美的图案，这是岭南盆景和其他地区盆景区别很大（的地方）。

现在很多其他地方都有在学习岭南的手法，他们也取得了一些进步。我看盆景杂志里边有介绍，浙江还是江苏有一位做雀梅的人，枝条做得很好、很自然，注重枝条的表现，看起来又不会太人工化。在杂志里还有一些人雀梅做得不错。

① 虚枝实叶法，顾名思义，是以叶片为主要内容表现整个画面，对枝条大小比例的效果不甚讲究，此法虽然不具备脱衣换锦法那么多的艺术效果，更不能将叶片摘掉参加展出，但是它耗时少，能加快作品成功的速度，是取竞的手法。也有一些盆景作者把脱衣换锦法与虚枝实叶法结合起来使用。先用虚枝实叶法去使作品能早日达到观赏目的，然后再逐渐对枝条进行改造，待枝条的蓄长完成以后，再进行摘叶，改用脱衣换锦法。这是先定型，后蓄枝的手法。见吴培德主编，《中国岭南盆景》，广东科技出版社，1995年，第245页。
② 脱衣换锦法，是岭南盆景的主要枝法类型。它在作品展出之前，把盆树的叶片全部摘掉（脱衣），让所有的枝条一览无遗地展现在观众面前，使人们能尽情欣赏、品评作品的态色。脱衣换锦最能显示盆景作者运用枝法的修养以及作品的艺术功力。脱衣换锦法是以枝条的技艺为内容去处理画面，要求枝条的大小、长短与整体构图布局形成合理的比例，更重要的是要求枝脉相通流畅，曲节有度，疏密适宜。每一组的次脉互不交缠，使枝丫的气眼通透，密中有气，充满自然神韵。换锦能让一盆盆景作品在短短的时期内，同时向观众展现大自然不同季节的变化。见吴培德主编，《中国岭南盆景》，广东科技出版社，1995年，第246页。

所以应该说，喜欢盆景的人还很多，手艺好的人也很多，我只是一个爱好者，只是喜欢花、树木而已。

　　相比日本盆景市场，岭南盆景市场还是局限在爱好者群体。如果要做商品，肯定需要人花心思去投入，想清楚怎么运作。如果纯粹是靠爱好盆景的群体来制作盆景，制作一盆盆景就要花费好长时间，且不论一盆卖多少钱，卖的价格多少，创作的人都会感觉很心疼。所以肯定要有改进的方法，而改进的方法则要向日本学习。日本人怎么能实现盆景的商业化（呢），他们一盆盆景花费的时间也不少。可能他时间不足，但是他们能够有批量地生产，这个批量生产的方法是什么，要从这方面去想。盆景数量太少是不行的，肯定要批量，而且没有时间成不了作品，所以要从量大到时间短，加起来（考虑）才能在市场上有地位。但批量生产不能从山上挖，肯定要人工栽培，所以人工栽培要有方向，例如选择品种等，还需要有一些投入，比如说资本的投入，技工的培养、培训。没有技工，是做不出大量的产品的，单纯依靠几个爱好盆景的老师傅，他们做不出批量的盆景。没有数量就没有市场，市场需要量去影响，一旦有量，价格就可以平衡一下，可以适应市场。如果没有量，那你卖得少一点，价格贵买的人会感觉心里不舒服。所以你要打入市场一定要批量，批量就要有一大批能够操作的技术工人。把这几个条件整合起来，还要想投入，谁来投入？这些都是以后市场会去做的。你们在推广介绍盆景这方面，可以有这些概念，培养技术工人，批量生产，最后要有资本的投入这几个方向。盆景市场肯定是有生命力的，因为爱美是人的天性，特别是一盆盆景摆放在家里，会让人看着很舒心。

如果能够做一盆可以进入家庭的盆景，肯定会有很大的市场。从这个方向来想，盆景批量（生产）是有可能的。选择制作盆景的树材是第一位，植物要能够比较适应各种环境，选择罗汉松这个小叶的品种也可以。这些都需要对植物的认识，然后来做一些引导。你们要做推广，可以从选择品种，到形状，到栽培的可能性这几个方面考虑，像这些栽培的时间不会太长。盆景分几个层次的生长过程，一个是基础的栽培，一个是工艺的升华。一部分人生产基本材料，一部分人把基本材料上升到具有工艺性（的作品）。通过盆景的数量还有这两个阶段，可以（使其）在市场上占据优势。如果说我自己单独培养几个盆景，你要买，我定的价格太高说不上去，卖出去我又没有了。所以这是不可行的，盆景商业化肯定要有数量。

像我国台湾地区的梁悦美，她推广盆景的经验已经是很成熟了。她所做过的事，她使用的方法，做得很成功。所以要有人投入，花精神、花时间、花资本去投入。推广我也说不上，我只是从这个方面来想。现在的人普遍都喜欢鲜花插花，那鲜花为什么会有这么多的受众呢？因为它很简单，家里有一个花盆、有水，买来了一插就可以了。而且不同的花盆就可以(有)不同的感觉，可供挑选，可以摆造型，人们就会感到很满意。所以做盆景的要(考虑)怎么向做鲜花插花的学习，可能推广盆景要从这方面去探索。两者同样都是对植物美的欣赏，但盆景价位高，如果家里没有条件，没有像鲜花插花那样的简单的操作，购买一盆盆景太浪费了。鲜花插花它操作比较简单，价位还不高，还有颜色、有造型、有香味，欣赏几天其价值就够了，就可以扔掉。但盆景就不一样，摆几天就扔掉不可能吧，那不扔掉家里又没有条件管理就会比较浪费，这就会产生问题。

所以有人提出，开办一些盆景的代管场所，由园艺中心、花园中心来搞代管。消费者来买一盆非常漂亮的盆景，价格几百到几千(元)，卖家来介绍这个盆景的管理要求。因为盆景进入室内欣赏的时间段不能太长，假如购买盆景的人家里有时候没人、没有这个管理条件，可以由卖家上门把它搬到中心管理，然后客人需要再送回去，这也是有可能的。如果有这个可能性，在一个城市它要发展这方面，那么它园艺中心本身的地理位置、空间条件都要考虑。有些写字楼或者单位的天台的顶层有这个空间，又有电梯上下，反正这个也是不太难。但是这个应该有人去仔细去想，跟鲜花销售、园艺销售应该可以连在一起。现在有很多大城市在推广花园中心，从各种各样的花材开始，到植物品种，到植物种子，到鲜花，也可以在里面加上岭南盆景。大家都可以去想，这些都要在操作中去探索。

又比如说，客人没人在家，或者盆景摆放时间到了，可以跟客人联系沟通，然后我们上门去把它收回来，搬到我们仓库、管养中心。所以收回来放置的地方可以在城市、市郊、市中心，有很多地方都可以存放盆景。然后剩下的就是技术工人的管理，还要有可以调控的空间，有荫棚、遮光网，还可以挡风、挡雨，可以作为半室内去管理。盆景它在小盆里面，要湿度，要通风，要阳光又不能太晒。好多要注意的地方如果你提出来了，你就成功了。像工厂生产花卉的手段一样，盆景的管理都需要调控，大热天可以调控，大冷天可以调控，大雨天也可以调控，几乎按照工厂的概念来管理都可以。这些事项跟选择不同品种都是连在一起的，哪个品种我们尝试（过知道）可以这样（处理）。比如这些黄杨，它很简单，生长的环境阴一点、晒一点都可以，只要水分够就可以了。可以往这个方向去想，主要还是要收集先进国家在推广盆景上做得好的方面。肯定有别的人在做，只是我们还没去收集信息。

日本在盆景销售方面都已经很普遍了，肯定有一些经验，这些需要多费点精神去想，去收集资料，然后参考他们的做法，再根据我们的实际情况来做推广。这相当于走捷径，假如我们总是凭空想象，会有很多限制，因为贫穷限制我们的想象，像其他地方他们都比较富裕，所以他们在盆景这一方面都做了很多工作，只是我们不知道而已。我们可以根据我们的地理位置来选择品种。这些营销手段，还有其他手段是可以学习的，毕竟市场可以培养。我国台湾地区的人在培养市场上就很厉害，他们培养最特别的就是嘉宝果，刚刚买来的像这么一大棵，带一盆回来要几千块、上万块。然后他们再来培养市场，等到稍微有人接受，就大幅度地把价位降下来，这样就可以普及了。人们就会想，以前卖那么贵，现在便宜了，就会想买一棵来，这是心理作用。台湾地区的人在培养市场这方面很厉害，有很多可以学习的经验，再结合我们的实际情况去做。像现在也有不少年轻人喜欢盆景，肯定会有市场的，而我只能是保守地做我老经验的东西了。

学习植物，肯定是实打实的。要有对植物的认识，从形状、形态，到学习人家整理出来的一些资料去认识。然后肯定要动手去种，要有体会才有直观的感受。弄死几棵植物没问题，它是怎么被你弄死的，你要知道，以后就不会（再）弄死。像我这样一大棵漂亮的植物都被我弄死了，但我下一次肯定不会这样，这是成本很高的尝试。

图 7-1 汕头中山公园馆花宫（图片自摄）

图 7-2 翁加文 30 年前（1988 年）购得的瓜子黄杨盆景桩头（图片由翁加文提供）

图 7-3 经过翁加文培育了约 30 年后的瓜子黄杨盆景（图片自摄）

图 7-4 翁加文油杉盆景作品（图片自摄）

图 7-5 郑永泰棠梨作品（图片来源：郑永泰，《欣园盆景》，岭南美术出版社，2013 年）

图 7-6 1990 年翁加文随团将汕头的薯榕盆景带到日本岸和田市（图片由翁加文提供）

图 7-7 翁加文的薯榕盆景小品（图片自摄）

# 盆景技艺修剪示例

1. 双干(来源：孔泰初,雀梅,《艰苦阅历》)
一头双干有主有次,根有连理,或为拼植,主干与次干相互顾盼,争让得宜。

2. 水盆式(来源：赵清俊)
以浅口水盆配置植物山石的自然景象。与山水盆景相比,水盆式盆景主体仍然为植物本身。

3. 水影式(来源：孔泰初,山松)
也可以做斜飘,模仿堤岸水边的临水树姿,托枝有摇曳生风之感。树头讲究向一侧生长,与树干一气呵成。

4. 素仁格(来源：素仁和尚,蜜梨,《春初》)
岭南盆景中独树一帜的盆景风格,创始于海幢寺素仁和尚,其创作的盆景的特点为扶疏挺拔,潇洒轻盈,瘦劲高压,表现禅宗的意境。

5

6

**5. 文人树（来源：赵庆泉）**
广义上指能体现孤高、淡雅的文人艺术精神的盆景，树形不一，其常见基本特征如孤高
细瘦的主干、简洁稀疏的枝叶、强烈的线条要素等。

**6. 卧干（来源：陆珠,雀梅）**
主干自然横卧盆面，分枝悠然而起，回旋跌宕，表现自然界中老干鳞岣横卧、侧生枝干
逶迤生长的状态。

绘图：陈芷欣、张芷瑜、王丹雯

# 郑永泰:岭南盆景独树一帜

郑永泰与岭南民艺平台采访者合影(图片自摄)

**受 访 者:郑永泰**

简　　介:郑永泰,1940年生,广东汕头人,中国盆景艺术大师,高级经济师,现任中国风景园林学会花卉盆景赏石分会顾问、广东省盆景协会名誉会长、广东清远盆景协会名誉会长。郑永泰老师自幼爱好颇多,特别喜欢花卉盆景。大学毕业后一直从事运输经营管理工作。自20世纪70年代初开始,几乎将所有业余时间用于盆景栽培、创作和研究工作,对国内外不同风格的盆景作品进行过认真考察和学习。在坚持岭南盆景"蓄枝截干"制作技艺的前提下,博采众长,认真实践,逐步形成了技法严谨细腻,讲求结构线条优美、造型清新秀美、富有自然野趣的个人风格。2000年,创建欣园盆景园,出版《欣园盆景》《杂木盆景造型与技艺养护》《知"竹"常乐——竹草盆景制作与欣赏》。

**访 谈 者**：翁子添,张培根,林思妍,李颖冰,陈芷欣,王玉娟,林浩,林沁蕊,王丹雯,刘焯涛

**访谈时间**：2019年11月9日

**访谈地点**：广州清远,欣园盆景园

**整理情况**：2019年12月整理

**审阅情况**：经受访者郑永泰审阅

# 1 盆景之路

玩盆景主要是先有爱好。我自幼至青年时期，爱好颇多，也颇杂。书画、集邮、赏石、音乐等方面都花过不少精力，大学时期小提琴已拉得不错，但对花卉盆景情有独钟，只因小时爷爷家很大，种了不少花卉盆栽，外婆家也有个不小的后花园，日常经常接触侍弄这些花花草草，从好奇、喜欢成为一种爱好，印象深刻，无可替代，培植花卉盆景就成为心理追求。

大学毕业后，（我）被分配到驻粤北山区清远县的广东省北江航运局工作。北江航运局当时管辖韶关至河口的运输业务。1970年（我）负责办公室工作，比较轻松，而山区盆景资源比较多。春季在公园门口都摆满出售的下山桩头，也就是这个时候开始（我）真正买桩做盆景，小型居多，主要放在几位前来清远县支援农业建设的潮州老农老乡的果园里栽种育桩。一方面也请教他们种植的知识，如移植、嫁接、水肥和病虫害管理技术，每逢休息日都在那里摆弄桩头，至于树木选型，则只是凭平时参观一些朋友介绍的广州种植盆景的前辈作品和文化公园每年举办的盆景展览，加之自己欣赏字画时的一些感受，这就是一个开始。

开始种植盆景是（选择）几棵小福建茶和小罗汉松、雀梅等。当时清远种植盆景的人不多，（我）也未认识岭南盆景的前辈，只是根据平时掌握的一些画理，以及老农修剪柑橘的一些手法，做出了比较自然的造型枝托，倒也觉得漂亮。1974年有个香港的客户因业务关系到清远来，到我家看阳台种的盆景，要我卖两盆给他。（那两盆）是我比较喜欢的，当时并没考虑盆景价值，可也不想转让。但是他就是不走，一直喝茶拖到很晚，说不卖就不走。我告诉他，卖是不能卖的，你确实那么喜欢就送给你，不要钱。他半信半疑地带走了。大概过了一个月吧，有一个熟人给我带来一部十七八寸的黑白电视机，说是那个客户送来给我的，是换我的盆景。这事当时在航运大院很轰动，也使我对盆景的艺术属性和商品属性开始有了了解。虽然我玩盆景纯是喜欢，至后来成为追求，但在投入上以及后来"以树养树""以树养盆景园"（方面）也算是个启发，进而从数量和质量上得以更好提升。

培植盆景能减压，这也是（我）喜爱盆景的一个原因。我们单位是政企合一的省属国有企业，政企分开的政策下来后，有管理职能的航道、航运独立出去了，航运政策管理部分则划归交通局，其余码头、造船厂、运输船舶等企业性质的变成航运总公司，（为）自负盈亏的国有企业，失去了管理权限和经济政策支持，又是老企业。两个在职船工养一退休人员，全公司（就）几个人，整体文化素质很低。后来我当了总经理，经营压力很大，时常要为发工资发愁，又累又闷，但每当回到家看到盆景，都会很舒畅，一摆弄起来则什么都忘记了，心情只觉轻松愉快，这让我真正体会到盆景的减压效应，（这）也是后来坚持追求盆景艺术的一个原因。所以当1988年，清远新建市时，时任市委书记蔡森林曾征求我的意见是否调去交通局当局长。但我如果去了就没有在企业那么自由，没有那么多的时间搞盆景，所以婉推了，决意留在航运总公司。我将家里顶层300多平方米和办公楼顶层600多平方米（的地方）请人加固，然后种盆景，王金荣＊当时才二三十岁，在银行工作，也喜欢盆景，每天都过来帮我浇水，也学盆景技艺，他现在已经是岭南（盆景）大师，（他的盆景）园子很大，有18亩。

我就是这样爱上了盆景。当时清远真正玩盆景的就只三几个人①，且都缺乏基本技艺基础，后来玩的人越来越多，群体越来越大，自己也没考虑什么，就是喜爱，到着迷。后来只要有机会，都会去参观一些盆景园，请教一些专业人员，有一种直觉，就是在追求，追求盆景艺术，追求更好的盆景艺术境界。平时只要发现有关盆景的报刊书籍，一定设法购到收藏，反复阅读，汲取经验，提高自身技能。

## 2 "师法自然"——岭南盆景独树一帜

由于中国盆景界早期大都是师傅带徒弟，不像其他书法

---

① 粤语口语，表示有几个人。

等艺术门类有专业的学科,接受专业培训学习,毕竟师傅的艺术手法怎么样就是怎么样,一代代传承,因而受到局限,形成了规则式、模式化的所谓流派。大多数流派,做得非常精致,像"方拐"①"云片"②(图8-1)等等,但都千篇一律,千人一面,匠气十足,缺乏内涵意境。盆景被称为"无声的诗""立体的画",是自然景观的缩影,也就是画理说的"外师造化,中得心源",这是中国美学史上的代表言论。岭南盆景就是符合这一理论,在造型上"师法自然",以自然界树木为蓝本,运用"蓄枝截干"的制作方法,表现和再现自然美,因而千姿百态,魅力无穷,在盆景界独树一帜,得到一致的认可和赞赏。

2006年,我应邀参加(在)泉州召开的中国杂木盆景研讨会,做"杂木盆景的制作"专题发言,并现场做了示范表演,我带去一株用岭南盆景技法培植了十多年的朴树,现场整形修剪。我们岭南盆景是按脉络状延伸制作枝托,故每个局部都能成树。当时我说我剪下的枝条,每一条都可修剪成小树,当时有人真的上来捡了枝条给我,我都能剪成一棵小树,大家很感兴趣,也增进了对岭南盆景的认识。后来通过另外一

---

① 方拐,是川派盆景的一种枝条法,又称汉文夸,此形与对拐相似,只是对拐的夸子呈弧形,而方拐的夸子是方的"弓"字形。流传于川西郫都区、都江堰、彭州、新都区等地。此型多用垂丝海棠、紫薇两个树种。蟠缚时,先在主干两侧各立小竹竿一根,再扎以横的小竹竿,扎成方格形。待嫩梢长到适当的时候,将嫩梢捆缚到方格上,并使嫩梢的转角成直角,形成方格状的夸子。因为嫩梢不易断裂,成型需要10~20年时间,费工较多。
② 云片,扬派盆景的一种技法,剪扎时将伸展出的枝条在水平方向上做水浪式夸曲,每根枝条的顶端做到"一寸三夸",犹如绘画中的工笔细描,叶叶平仰,平行而列,形成片状,片片婉蜒盘曲,亦刚劲亦柔逸,犹如片片青云。

些交流和考察，当时（中国）风景园林学会花卉盆景赏石分会的领导甘伟林*、韦金笙*、胡运骅都要求我出来当"中国盆景展览"的评委，接着从2008年南京第七届中国盆景展览开始，我就一直当评委了。

后来（我在）参加全国盆景展览及有关考察中发现，有的省份山水盆景做得很漂亮，包括山石盆景、水旱盆景，但是我们岭南盆景几乎都是树木盆景。所以曾经好几年时间，我做了一些山水盆景，也写了文章发表，想把树木盆景的优势应用到山水盆景中，在岭南盆景中，把山水盆景推广开来。但可能由于地域习惯，加上盆景界综合素质的局限，效果并没想象中理想。

山水盆景表现自然景观美景，包括名山大川、江海湖泊、田野风光、古树丛林，是浓缩自然景观于盆中，崇尚自然，注重意境，体现中华文化的人文精神。（其）蕴含诗情画意的造型形式，最具中华民族特色。在诸多大展中，外省一些山水盆景做得很好，都有一定地域风格，如：山东的山水盆景很粗犷，很有气势；江浙一带的多是山清水秀，水旱居多；四川的则既险峻又细致；而湖北的以风动式为主。我们岭南树木做得很好，可以表现江南水乡为主，相信有很大的创作空间。希望你们这些年轻的爱好者，能从这方面多探讨。

三四年前，我又开始做竹草盆景，（其实）十多年前我就已考虑过做竹子盆景，收集培植了不少素材，一直未考虑成熟,不敢动手做,直到四年前做了一盆《竹海摇风春归时》(图8-2),因是凤尾竹*,适合做丛林,就用"竹海"命名。真正发表(这些作品)就是这三年,我跟《盆景世界》传媒的刘少红商讨过,希望这类竹草盆景能够在全国推开。因为第一(方面)是,竹子有很高的文化内涵,至少(在)盆景艺术里,缺乏竹子这一块我觉得很遗憾,诗书画里表现竹子的历来都不少。竹子盆景看似简单,但要做出一盆理想作品却不容易。首先你要观察竹子,了解其生长特征,同时要理解竹子本身的特质、文人内涵和气质。做竹子盆景既能够欣赏它的节,表现其叶韵,还要在造型上下功夫,做到诗情画意,这必须不断提升自身素养。第二方面是,竹子盆景为中小型,便宜易种,不占空间,可以走入千家万户,这就是这几年我极力想推广这竹草盆景的目的。当然,(这)也是自己一个喜爱的盆景类别。

和国画一样,在竹草盆景中,石是最佳配角,有时可以做主角,竹石相依是最常见也是最佳主题,竹与石一虚一实,相衬生辉,竹石相依,意蕴倍增。当前卖竹子素材和石料的人逐渐增多,相信竹草盆景会有更多人喜爱,我计划出一本有关竹草盆景的书,供大家参考。

# 3 谈盆景评比

首先要从大的方面讲,一次成功的盆景展,首先要有好的作品,好的(公正称职)的评委,同时要有好的展览场地,包括科学的布展。另外需要参展者有一个好的心态,(有)不追求名利的平常心和追求艺术的精品意识。

我们鉴评盆景是"一景二盆三几架"。我在全国性盆景展览做评委时,觉得这方面做得最好的是江浙一带,他们送展的盆景体现出精品意识很强,一丝不苟的多。就是说你的技艺再好,这个景再好,但缺乏精品意识,观赏效果就大打折扣。比如配盆问题,什么样的树配什么盆,盆的颜色、形状、大小、深浅都是有讲究,高树配浅盆就显得树大意深,连植在盆里的位置也应有讲究。我们岭南盆景配盆一般偏大,这样平时养护就方便,但参展时观赏效果就差,还有不少作品盆面处理不注意,塘泥一块块堆积,杂草不拔,树身脏兮兮。这样再好(的盆景)也不能说是优秀作品。树做得非常好,是金奖的料,但是只得银奖,后来闹到评委会要解释。当时给他的解释就说,一个漂亮的女孩参加选美,虽然比其他人长得漂亮,内涵也不错,但是穿了拖鞋,头也不梳,衣服脏兮兮的,能够选上吗? 你这盆树做得真好,但树干没清洗,很脏,盆面杂草没拔掉,几架也不理想,能评金奖吗? 金奖的目的就是肯定和鼓励,还有个目的是树榜样引导。这位作者也通情达理,肯定了评价。通过这件事,也更清楚了中国盆景与日本盆景在精品意识上的差距。我(还)写成了一篇《增强精品意

识 让精品见证发展》①的文章。

评一盆作品，要从几个方面鉴评。首先看树木的桩头。为何要考虑桩头呢？因为选桩是制作盆景的第一步，这个桩头漂不漂亮，有无特色，能不能中，是决定你能不能做出好作品的前提条件。俗语讲"巧妇难为无米之炊"，你这桩头没有根板，就想"插竹"，做出来的树定不好看。还要看树种，有的树种非常难种，如高山黄杨，有的树种很好种，如勒杜鹃。有的树种枝条难修剪，难成型。制作难度不同，你要区别。

其次就是制作工艺，从它的桩，结合干型，在造型上头桩和干型及枝托决定了造型形式，相辅相成，做直干的树和做斜干的树乃至高干的树，枝托要求是不相同的。所以鉴赏一个树木盆景，就要看桩头好不好，根基牢不牢，根盘和主干漂不漂亮，主干和根盘（配）不配，有无变化，过渡自不自然，枝托出托合不合理，分布上有无疏密变化，总体布局（是否）错落有致，枝爪剪功到不到家，这些就是技艺上的高低，当然年功也很重要。

再次就是要看它的内涵了，传统上叫意境。（即）你这个作品想要表现什么，有无能（能不能）让人体会到，能不能和观者有个交流。我通过题名，画龙点睛，引发联想，比如我有一盆叫作《悟》的马尾松盆景（图8-3），后来被宁波旅游区

① 郑永泰，《增强精品意识　让精品见证发展》，发表于《花木盆景（盆景赏石）》，2009年第6期。

"绿野仙踪"收藏，受到很多游客喜欢，拍照留念，他们常会问这"悟"是什么，我后来告诉讲解者，"悟"是一种境界，一种感觉。人之初，本无悟，漫漫人生路，就是求悟之旅——悟道、悟性、悟理、悟禅。悟是追求知识真理，以摆脱各种欲望诱惑的修身途径。这桩弯曲的主干里，留白轮廓，呈现一个坐着的悟者，近似参悟人生，获取慧然独悟、明心见性的境界。至于那盆题名《曲水流觞》的马尾松（图8-4），则是借鉴王羲之在《兰亭序》中记载的雅集活动故事，就是一群文人雅士聚集在曲水小溪之间，把装了酒的酒杯放在水中，漂到谁的面前，谁就拿起来喝了，大家都很开心。这马尾松是提根式造型，身干高位屈曲蜿蜒而下，寓意曲水小溪，加之《曲水流觞》的题名，你说要表现什么呢，你就自己去体会。如你不晓得《兰亭序》，也许就不知道想到什么。我就是想表现一种文人雅趣，表现喜庆，大家开心（的氛围）。所以题名很重要，画龙点睛，引导观者去联想。

最后就是诗情画意是我们的重要审美取向和追求，符合中华文化的文人内涵。一件优秀的作品，其本身整体看起来应当蕴含诗情画意，同时在布展摆设环境上，也必须尽量追求文人氛围，特别是微型小型盆景，除了应当有适当的背景外，最好能在室内空间，配以红木几架，如背景能补上字画，播放些悦耳瑟瑟之音，层次就大不一样。另外盆景是会不断变化的，必须在最佳状态（参展时）留下照片，可以出书传世

（图8-5）。所以制作好盆景照片（画册）也很重要，好像我现在在做竹子盆景，在完成后拍照片，并配上诗词书法印章，相互掩衬，就增加了不少诗情画意的效果。我们常说书法入画，一样可以入盆景。

盆景展览是一个展示和互相学习交流的平台，评比是树标，引导方向。但由于鉴赏角度、审美趋向和文化修养的差异，会产生不同的效果。所以除要求评委提升鉴赏水平和公信力外，参展者必须抱着志在参与、学习交流的心态，淡化功利（思想），才能更好地办盆景展览，推动中国盆景更加健康地发展。

图8-1 云片技法（图片自摄）

图8-2 郑永泰作品《竹海摇风春归时》（图片来源：郑永泰，《欣园盆景》，岭南美术出版社，2013年）

图 8-3 郑永泰作品《悟》（图片来源：郑永泰，《欣园盆景》，岭南美术出版社，
2013 年）

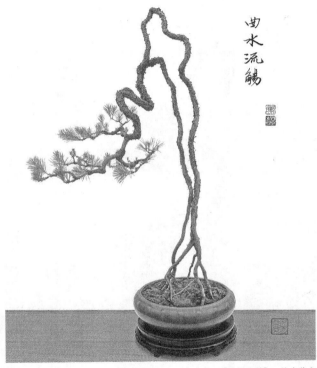

曲水流觞

图 8-4 郑永泰作品《曲水流觞》（图片来源：郑永泰，《欣园盆景》，岭南美术
出版社，2013 年）

图 8-5 郑永泰专著《欣园盆景》（图片来源：郑永泰，《欣园盆景》，岭南美术
出版社，2013 年）

# 岭南盆景发展大事记
## （1930年至今）

- 1931年11月15日至20日，由广东国画研究会主办的盆栽展览会在广州六榕寺举行。活动报道见1931年第56期的《良友》杂志。

- 1933年，在民国广州市政府成立12周年之际，广州举办了第一次展览会。展览会于1933年2月15日上午在越秀山开幕，至3月16日结束。分革命纪念物、古物、民俗、市政、教育、武备、美术、农业、工商和摄影等十个专题展馆，其中展出盆景数十盆。

- 1936年，广州基督教青年会举办盆景艺菊闲花野草展。

- 1947年春节，莫珉府应国民政府的号召，在广东文献馆举办书画盆景闲花野草个展。

- 1955年，广州文化公园举办盆景闲花野草展。参展者包括莫珉府、素仁和尚、陈德昌、廖健民、黄锦等。

- 1956年，广州盆景俱乐部成立

- 1957年，广州文化公园举办五人艺菊展，这是中华人民共和国成立后广州举办的第一个艺菊展览，展览由莫珉府牵头，参加者还有素仁和尚、陈德昌、黄锦、廖健民。

- 1957年2月24日，"广州盆栽艺术研究会"在广州文化公园成立，研究会的成立得到时任广州市人民政府副市长林西的大力支持与帮助。

- 1960年，在广州越秀公园举办上海、贵阳、南宁、厦门、昆明、广州、汕头、佛山、新会九城市盆栽艺术展览，是新中国成立后首次举行的跨省区的联合性专业大展，规模空前，影响巨大。当时的研究会汇聚了孔泰初、素仁和尚、莫珉府等一批开一代风尚的盆景艺术家，奠定了当代岭南盆景的艺术风格与造型技艺基础。

- 1961年，广州盆景展览会在广州越秀公园花展馆举办，同年还举办了广州盆景艺术观摩会。

- 1962年1月，《广州盆景》一书编印出版，是新中国第一本盆景专业书籍，由广州盆景艺术研究会出版，是在林西副市长的主持下，由邵胜娟负责具体工作，园林局完成出版。

- 1962年，素仁大师圆寂后，在越秀公园花展馆举办素仁遗作展览。

- 1963年，周恩来总理出访埃塞俄比亚时，特选孔泰初的雀梅作品《春复夏》等4盆岭南盆景赠送给塞拉西皇帝，并特派广州醉观公园盆景艺人梁深先生专门护送和前去传授管理经验。

- 1964年底，作为盆景之家的广州流花湖公园西苑盆景园正式建成，并对普通市民开放。建成后的流花西苑由岭南盆景创始人孔泰初先生担任盆景技术指导，他将自己几十年的栽培经验和修剪技法传授后人，对岭南盆景艺术的发扬具有深刻意义。

● 1978年8月,广州越秀公园举办了一次广州盆景展览会,这是"文化大革命"之后的首次岭南盆景展览。

● 1979年9月,建设部城建司在北京北海公园举办了首届全国盆景艺术展览,13个省市54家单位参展,共展出盆景1100盆。广东送展的岭南盆景作品亮相并获得关注和好评。

● 1980年10月8日,广州盆栽艺术研究会复会,更名为"广州盆景协会"。

● 1981年9月,《中国盆景艺术》出版。1980年,国家城市建设总局下达了"中国盆景艺术"研究的科研项目,由广州市园林局负责,上海、成都、苏州、扬州等市的园林局(处)参加,组成编辑委员会编写。这是新中国成立后对我国盆景进行的一次比较系统的探讨和研究。其中岭南盆景部分主要由吴泽椿、吴劲章执笔。

● 1985—1986年,广州盆景协会举办"岭南盆景讲习班",一共举办6期,培训了300多人,每一期讲习班1~2个月,每班40~50人,包含理论课和实操课。

● 1986年4月,第五届国际花卉博览会在意大利热那亚举行。参展的有欧、亚、美、非四大洲17个国家。我国3省6市共组织了300多件盆景送展。其中广州选送的岭南盆景荣获3枚金牌和1枚银牌。

● 1986年10月,英国女王伊丽莎白二世来广州访问,我国外交部部长吴学谦和广东省省长叶选平挑选了广州苏伦制作的九里香作为珍贵礼品相赠。

- 1987年春夏间,第一届中国花卉博览会在北京举行。49件岭南盆景作品代表广东参加,其中各有9盆获得佳作奖和表扬奖,是盆景获奖最多的省份之一。

- 1987年,广东省盆景协会成立。

- 1989年,佛山市顺德第一届盆景展在顺德旅游中心商场举办。

- 1990年,广东园林学会盆景专业委员会(现为盆景赏石专业委员会)成立。

- 1990年2月,《岭南盆景艺术与技法》由广东科技出版社出版,该书由岭南盆景大师刘仲明及其女儿刘小翎编著。

- 1990年10月12日,广东省盆景协会、香港盆栽研究会(香港盆景雅石学会前身)、香港青松观、香港圆玄学院、澳门盆栽会共同筹划,由广东省盆景协会主办的首届"省(粤)港澳台"盆景艺术博览会在广州烈士陵园隆重开幕。这是新中国成立以来"省(粤)港澳台"盆景界首次联袂展出的盛会。

- 1991年间,广州有关部门将选自广州西苑培植的榆树盆景赠给摩洛哥王储。

- 1995年1月,由吴培德主编的《中国岭南盆景》一书由广东科技出版社出版。

- 1998年，由陈金璞、刘仲明主编的《岭南盆景传世珍品》，由余晖、谢荣耀编著的《岭南盆景佳作赏析》先后出版。

- 1998年10月1日，第二届"省（粤）港澳台"盆景艺术博览会在中山市中山纪念堂公园隆重举行，参展作品近450盆。本届博览会同时开启了以后两年一届在省内二线城市巡回举办的模式。

- 1999年，佛山市顺德第二届盆景展在钟楼公园举办。

- 2000年10月1日，第三届"省（粤）港澳台"盆景艺术博览会在湛江市寸金桥公园隆重举行，参展单位除粤、港、澳、台四地，还首次邀请了北京、四川等13个省30个市县单位参与，参展作品近800盆，盛况空前。

- 2001年10月1日至2002年3月10日，第四届中国国际园林花卉博览会在广州珠江公园举办，岭南盆景与来自各地的盆景艺术一同登台亮相。

- 2002年10月1日，第四届"省（粤）港澳台"盆景艺术博览会在汕头市华侨公园隆重举行，参展作品400盆。为了展示改革开放以来潮汕盆景雅石、根艺的发展成就，博览会组委会特意委托《中国企业报》广东记者站编辑出版的《潮汕盆艺》（陈少志主编）赠送给到会嘉宾。

- 2003年，刘仲明等编著的《岭南盆景造型艺术》由广东科技出版社出版。王文通、舒浩光主编的《岭南盆景一本通》由广东世界图书出版公司出版。

- 2004年9月16日，第五届"省（粤）港澳台"盆景艺术博览会在深圳园博园举行，参展作品300多盆。本届盆景博览会首次纳入由国家建设部和深圳市政府主办的第五届中国国际园林花卉博览会专项展览项目。有25个国家和地区以及国内23省区共67个城市参展，参展单位达400多个。

- 2006年8月29日，第六届"省（粤）港澳台"盆景艺术博览会在韶关市韶关钢铁公司文化广场举行，参展作品近400盆。这是盆景博览会首次在大型国企内举行。

- 2007年10月8日，香港岭南盆景艺术学会于香港成立。

- 2008年12月26日，第七届"省（粤）港澳台"盆景艺术博览会在中山市古镇南方绿博园举行。参展作品500多盆。

- 2009年4月29日，由中国风景园林学会花卉盆景赏石分会主办的"中国松树盆景研讨会"在顺德大良品松丘盆景园举办。

- 2009年，庆祝建国60周年穗粤港澳岭南盆景联展暨岭南盆景传承与发展论坛在广州起义烈士陵园举办。

- 2010年9月30日，第八届"省（粤）港澳台"盆景艺术博览会在佛山市顺德陈村花卉世界展览大厅举行。参展作品250盆。

- 2010年11月10日，广州国际盆景邀请展在广州中山纪念堂举行。

- 2011年8月28日，第九届"省（粤）港澳台"盆景博览会在广州花都区"广州花卉之都"举行。参展作品近300盆。

- 2011年10月,岭南盆景赏石精品展在流花湖公园举办。

- 2012年,吴成发大师盆景作品及古盆藏品展在广州流花湖公园举办,展示了200多件岭南盆景精品和300多件古盆藏品。

- 2013年9月30日,世界盆景友好联盟暨亚太盆景赏石2013年大会之广州分展场"中国岭南盆景观赏石精品展"在广州流花湖公园开幕。

- 2014年5月28日,岭南盆景名家吴成发、陈昌、黄就伟盆景精品展在北京北海公园举行。展览展出了吴成发、陈昌、黄就伟三位岭南盆景名家的200盆作品。

- 2014年9月20日,第十届"省(粤)港澳台"盆景艺术博览会在东莞市体育中心举行,参展作品425盆。

- 2015年9月13—27日,国际盆景大会暨亚太盆景赏石大会在广州中山纪念堂、广东科学馆举行。

- 2016年,华南农业大学岭南民艺平台成立。

- 2016年9月30日—10月7日,第九届中国盆景展览暨首届国际盆景协会(BCI)中国地区盆景展览在广州番禺广场举办。

- 2016年11月5日,第十一届"省(粤)港澳台"盆景艺术博览会和第二十一回华风盆栽展在中国台湾彰化县溪州公园联合举行。这是省(粤)港澳台盆景艺术博览会首次跨越海峡,来到台湾地区开展,也是此次展览首次在大陆以外的地区设展。

- 2017年7月,华南农业大学岭南民艺平台成立盆景组,以"口述盆景"工作坊开启岭南盆景研究学习。

- 2017年9月28日,岭南"素仁格"盆景艺术研讨会在海幢寺成功举办。

- 2017年9月19日,广州国际花卉艺术展暨世界花卉协会年会在广州大剧院开幕,岭南盆景展同时举办。

- 2017年10月,广东省盆景协会成立30周年会员作品展暨中国盆景艺术大师、广东岭南盆景艺术大师、广东岭南盆景艺术家精品展在中山古镇灯都盆景园举行。

- 2017年,广州《财富》全球论坛盆景展在广州陈家祠举办。

- 2018年9月28日至10月7日,国际盆景协会(BCI)中国地区委员会会员盆景精品展及中国盆景邀请展在中山古镇灯都盆景园举办。

- 2019年10月28日,第12届"省(粤)港澳台"(中山古镇)盆景艺术博览会于中山古镇开幕。本届展出428件盆景作品,包括85件小微盆景作品及343件中大型盆景作品。

- 2021年9月30日,"揖翠凝生——2021中国盆景名城顺德第三届盆景大展"于顺德北滘广场开幕。

- 2021年12月3日—12月9日,第13届"省(粤)港澳台"(花都赤泥)盆景艺术博览会在广州花都赤坭镇竹洞村开幕。

(如有未尽事宜,谨请赐教)

# 岭南盆景相关信息附录

## 本书涉及人物（以文中出现顺序排序）

● **劳秉衡**，1923年生，广东省鹤山市人，现任广州盆景协会荣誉会长。1963年在参观广州的一次盆景展览中，被精湛的盆景艺术所吸引，对岭南盆景艺术产生浓厚的兴趣与追求，从此逐步投入研究、创作，直至现在，几十年来从未间断。特别是得到前辈的言传身教，以及结合众之所长，其创作的作品水平不断提高。其创作的双干朴树盆景《无声的诗·立体的画》参加了第一届中国盆景展览，九里香盆景《劲干飘香》荣获第二届中国盆景展览二等奖；雀梅盆景《春天奏鸣曲》荣获广东省盆景赏石评比展览一等奖，后又在第二届省、港、澳、台盆景艺术博览会上荣获最高奖项——佳作奖。见韦金笙主编：《中国当代盆景精粹——名人名作》，上海科学技术出版社，2001年，第242页。

● **孔泰初**（1903—1985），又名少岳，祖籍番禺，盆景艺人。孔泰初青少年时就喜欢练字习画，有收藏古字画的爱好。19岁开始从事盆景研究，崇尚"四王"画法，常常将临摹的树木形态贴于窗门，通过阳光的投影，捕捉盆景造型的结构。曾担任广东园林学会理事、广州盆景协会副会长、广州市园林局园艺师。孔泰初从事岭南盆景创作60多年，以"蓄枝截干"造型艺术，创作出雄伟苍劲的"大树型"盆景。培植的"九里香""福建茶"等长枝爆发性强的树种，注重树木根、干、枝的线条美，树干嶙峋苍劲，树冠丰满，枝条疏密有致，富有画意，展现出旷野的风姿，为岭南盆景艺术风格的形成奠定了基础，是"岭南盆景三杰"之一。

- **素仁**（1894—1962），俗名陈素仁，他十几岁就拜鼎湖山庆云寺亮思长老为师，后转入广州海幢寺为僧。素仁大师是"岭南盆景三杰"之一，他的盆景风格主要特点是扶疏挺拔、含蓄简括、杆条清瘦，后世以其名号名之为"素仁格"盆景，为岭南盆景中独特的一类型。

- **赵庆泉**，1949年生，中国盆景艺术大师。江苏扬派盆景博物馆高级工程师。中国盆景艺术家协会副会长，热爱盆景、痴迷盆景，创作了大量盆景佳作，特别是文人盆景，并积极参与国内外各项盆景活动，推动中国盆景事业发展，成为发展中国盆景事业的新生力量。

- **韩学年**，1949年8月出生于广东顺德，中国盆景艺术大师。1982年开始学习盆景。受顺德盆景氛围影响，自幼对盆景有一定喜爱，有条件后更是对盆景有所追求。其作品以山松为主，从选材到构思形式多样，拒绝随波逐流，力求表达自然野韵。

● **陆学明**（1992—2006），岭南盆景艺术的代表人物之一。
1922年12月出生，祖籍广东省南海南庄，其祖父辈迁居
花地后开设翠香园，成为有名的盆景世家。翠香园以栽
培中高档艺术盆景出名，陆学明的父亲是一位擅长栽培
盆景的园艺老艺人，陆学明自幼随父学习盆景栽培技艺，
耳濡目染，也爱上盆景栽培这一行。陆学明从事盆景栽
培50多年，他栽培盆景讲究技艺，讲究精细，敢于创新，
先后创造了"丁字"与"头根"嫁接法、盆景打皮法、大飘
枝等技艺，使岭南盆景艺术水平达到一个新高度，形成了
雄峻、飘逸的岭南派风格。1956年成立广州市盆景协会
时，陆学明是首批会员之一。1980年10月，当选为副会
长。1988年，被推选为中国盆景艺术家协会常务理事、副
会长。1989年成为首批被建设部、中国风景园林学会、
中国花卉盆景协会授予"中国盆景大师"称号的盆景大
师。其子陆志伟、陆志泉均是盆景栽培与创作的高手。见
荔湾区地方志编纂委员会编：《广州市芳村区志（1991—
2005）》，广东人民出版社，2010年8月，第469页。

● **胡运骅**，1943年生，曾任上海市绿化管理局局长、中国风
景园林学会副理事长、中国风景园林学会花卉盆景赏石
分会副理事长。主持过第四届亚太盆景大会、全国盆景
展览，多次负责国际和国内盆景展览的评比工作，为中国
盆景事业的发展和中国盆景走向世界作出了贡献。

- **黄就伟**，1951年生于广州市，中国盆景艺术大师。现任国际盆景协会（BCI）中国地区委员会秘书长、世界盆景友好联盟（WBFF）国际顾问、中国风景园林学会花卉盆景赏石分会副理事长、广东园林学会赏石盆景专业委员会副主任、广州盆景协会常务副会长。

- **小林国雄**，1948年生，日本盆景大师，是当今日本最负盛名的盆景大师之一，素有"鬼才"的美誉，其作品曾获日本盆栽作风展内阁总理大臣赏4次、国风盆栽展国风赏6次，并获颁日本文化厅长官赏（2020年）、东京都江户川区文化赏（2021年）等大奖。出版盆景专著多部，常年在电视节目中教授盆景制作技艺。

- **林西**（1916—1993），广州市原副市长。自1955年开始，林西主管广州城市建设，历任广州市政府副秘书长、秘书长、副市长等职务。在他主管广州市城市建设期间，制定广州城市规划，组织白云山保护开发等重大工程，主持修建了广州一大批公园、园林酒家和标志性建筑，致力于岭南园林建筑与文化的发展。

- **陶铸**（1908—1969），中国共产党和中华人民共和国主要领导人之一，曾任中共广东省委书记。

- **曾生**（1910—1995），原名曾振声（另说曾振华）。深圳坪山（原深圳龙岗坪山镇）客家人。中山大学毕业，历任东江纵队司令员、两广纵队司令员，新中国成立后曾任广东省副省长兼广州市市长、交通部部长等。

- **谭其芝**，新中国成立后曾任广州市经济委员会副主任。60 至70年代热衷参加盆景活动。1980年广州盆景协会复会，担任首任会长。

- **叶文章**，曾参与广州流花湖西苑的建设工作并担任过西苑的负责人，主要负责公园及盆景的管理，也懂得盆景和石山的制作；曾负责1976年广州海珠广场盆景展览布展工作。

- **陈金璞**，中国盆景艺术家协会会员、广东园林学会盆景专业委员会委员、广州盆景协会顾问、广州岭南老人大学盆景专业教师、《中国岭南盆景》编委。

- **吴劲章**，1941年生，广州市林业和园林局原副局长，广州市林业和园林局原巡视员。2012年，吴劲章先生获得广东园林学会首届终身成就奖；2015年，吴劲章先生荣获中国风景园林学会终身成就奖。

- **黄磊昌**，岭南盆景名家，擅长雀梅盆景的制作。雀梅在广州俗称"酸味"，故称黄磊昌为"酸味王"。

- **苏伦**，1926年出生于广州芳村花地，园艺（盆景）技师，曾任广东省园林学会盆景专业委员会顾问、广州盆景协会副会长等职。其父苏卧农先生为岭南画派师祖高剑父的入室弟子，擅长花鸟人物绘画，并酷爱盆景。苏伦自幼受岭南绘画与盆景艺术熏陶，十岁时便随父从事花卉盆景栽培工作。1958年,苏伦师从岭南盆景先辈孔泰初大师,在广州越秀公园专门从事盆景创作。1964年后,他与孔泰初老师在广州创办的盆景之家——流花湖西苑,共同创作、探讨岭南盆景艺术。2001年5月,建设部城建司、中国风景园林学会等单位联合授予苏伦先生"中国盆景艺术大师"荣誉称号。

● **木村正彦**,1940年出生于日本埼玉县,是享誉世界的日本盆景艺术家,素有"日本盆栽巨匠"的美誉。其作品连续多年荣获日本盆栽首相奖,在日本、美国以及欧洲等地有大量学徒。

● **森前诚二**,中国盆景艺术家协会国际特邀顾问、《中国盆景赏石》海外编委会成员兼顾问、S-CUBE股份有限公司会长、中日盆景艺术文化振兴协会会长、日本盆栽大师、树与盆鉴定家、西北农林科技大学客座教授、日本武藏野美术大学顾问、陕西省风景园林协会顾问、*WABI*杂志主编,著有《お洒落な大人の盆栽入門》(《时尚成年人的盆栽入门》)、《盆栽との対話》(《与盆栽对话》)。

● **刘少红**,1982年生,曾任《花木盆景(盆景赏石)》杂志主编,现为武汉盆景世界文化传媒有限公司CEO。

● **梁悦美**,中国盆景艺术大师,研究盆景20余年,先后在西雅图太平洋大学、南方州立社区大学、台湾中国文化大学、台湾师范大学等大学任教,并走遍世界21个国家和地区授课。她著有十余部作品,其中《盆栽艺术》获中国台湾地区书籍最高荣誉金鼎奖,《盆栽的生活艺术》获评美国十大好书,目前被32个国家和地区作为盆栽的教科书。她是亚太盆栽友好联盟的前理事长,世界盆栽友好联盟国际顾问,荣获"世界盆栽最佳贡献成就奖",台湾地区电视节目"中华盆栽艺术"全年主讲人。1992年至2014年,梁悦美连续22年被聘为中国盆景艺术家协会名誉理事长,1995年荣获"中国盆景大师"称号。

● **王金荣**,岭南盆景大师,现任广东省盆景协会常务副会长。

● **甘伟林**,1936年生,四川人,1960年毕业于清华大学建筑学专业,1965年清华大学城市规划专业硕士研究生毕业。曾任中国风景园林学会副理事长、中国对外建设总公司副总经理、中国风景园林学会城市花木分会理事长、中国风景名胜区协会副会长、中国动物园协会副会长。

● **韦金笙**,1936年生,曾任扬州市园林管理局总工程师、中国风景园林学会花卉盆景赏石分会副理事长、江苏省花卉盆景协会副理事长、扬州市花卉盆景协会副理事长。

## 本书涉及地名(以文中出现顺序排序)

● **清平路**,位于中国广州市荔湾区,是一条呈南北走向的街道。南起六二三路,北至第十甫路。因有广州市内最大农副产品贸易市场——清平农贸市场而扬名海内外。清平路是清平街市的所在地,和平西路至十八甫西路两旁有较多售卖宠物的商铺,十八甫西路以北则有较多售卖观赏鱼类的商铺。此处曾为岭南盆景重要的交易市场。

- **广州流花湖公园西苑盆景园**,亦简称西苑。1964年底,作为盆景之家的西苑园林正式建成,并对普通市民开放。建成后的流花西苑由岭南盆景创始人孔泰初先生担任盆景技术指导人。1986年,英女王伊丽莎白二世访华期间,在当时的国务委员兼外交部长吴学谦和广东省省长叶选平等陪同下,专程前来西苑盆景园参观,并在流花西苑亲手种下一棵象征中英两国友谊的橡树。西苑则以国家领导人的名义,赠予女王一盆树龄六十年的九里香盆景,使得流花西苑的知名度进一步提高。2010年世界盆景友好联盟在广东省的第一个交流中心正式落户西苑,这也意味着西苑作为"岭南盆景之家",正式成为世界盆景传播交流和盆景艺术提升的基地。

- **海幢寺**,位于广州市海珠区同福中路和南华中路之间,素以环境清幽、园林优美而著名。海幢寺占地面积1.97万平方米,原址南汉时称为"千秋寺",明末称作"海幢寺"。清初该寺大规模扩建,遂成为广州"四大丛林"之冠。民国时期,岭南盆景一代宗师素仁和尚曾任海幢寺住持,其独特的盆景风格被命名为"素仁格"。

- **陈村**，即陈村花卉世界，于1998年建成并投入使用。陈村花卉世界地处花卉产业历史悠久的珠江三角洲广东省佛山市顺德区陈村镇，陈村是闻名中外的花卉之乡，有两千多年的花卉种植历史，素有"岭南千年花乡"和"中国花卉第一镇"的美誉。陈村花卉世界是一个集花卉生产、销售、科研、展览、旅游、进出口等功能于一体的现代化花卉交易中心。

- **醉观公园**，前身为清末民初位于广州芳村花地的醉观园。醉观园（园主人梁炽权）占地近1公顷，位于今广州芳村大道山村桥侧，紧靠花地河，绿树成荫，环境优美，所种牡丹深为当时的达官贵人所钟爱，园中摆设讲究，规模也最大。日军侵占广州后，园林遭到破坏。新中国成立后的50年代，醉观、留芳等幸存的园林在醉观园址合并成为醉观公园，并成为岭南盆景交流的重要场地。现为占地约3.6万平方米的综合性公园。

- **花地**，广州地名，别称有花田、花埭，芳村的起源。明清两代广州两大花田之一就在花地，清乾隆年间《番禺县志》载："粤中有四市，花市在广州之南，有花地以卖花为业者数十家，市花于城。"

- **天字码头**，广州著名地标，俗称"广州第一码头"，位于广东省广州市越秀区沿江中路及北京路交界，有渡轮渡过珠江来往对岸海珠区的纺织码头及中大码头。

- **文化公园**，指广州文化公园，位于广州市荔湾区西堤二马路。广州文化公园的前身为1951年举办的"华南土特产展览交流大会"会址；1952年在会址上成立"岭南文物宫"，成为当时的文化活动展览场所；1956年1月易名为"广州文化公园"。文化公园有迎春花会、中秋灯会、羊城菊会三大传统文化盛事，也曾多次举办各类岭南盆景艺术展览，包括1955年的闲花野草展、1957年的五人菊艺展等。1957年，"广州盆栽艺术研究会"也在广州文化公园成立。

- **春花园**，既"春花园BONSAI美术馆"，位于东京都江户川区，由曾经荣获内阁总理大臣奖（日本三大奖之一）及东久迩宫文化奖章的盆景作家小林国雄于2002年创设，旨在"进一步向全世界推广盆景文化"。春花园为典型的日式庭园，展示着1 000盆以上的盆景作品，并开设盆景体验教室。

- **潮安区翁厝村**，位于广东省潮州市潮安区金石镇。翁厝村于元末建村，因村民姓翁而得名，又因村前有10多亩砂质地，俗称沙池翁。翁厝村历来有栽培花木的传统，全村家家户户多以种花为业。该村常年繁花似锦，时有"迎春赛花会"之举，吸引了远近花木爱好者，故有花村之称。

- **汕头中山公园**，位于汕头市区月眉河畔，于民国十五年（1926年）奠基兴建，1928年8月28日建成开放。其中公园西南面的馆花宫（原"花展馆"）于1986年建成开放，是一处展示盆景花艺的园中园。

● **汕头金砂公园**，位于汕头市金平区金砂中路，20世纪80年代筹建，1991年建成开放，面积约100亩，是改革开放后汕头建立的第一个公益性公园。

● **广州花卉中心**，既广州花卉博览园，是一个集花卉展销贸易、技术信息交流、观光旅游和娱乐服务于一体的多功能综合市场，1998年开始筹建，2000年正式开业。该园位于广州市荔湾区芳村片区西南端，是全国工农业旅游示范点和广东省生态环境教育基地，也是岭南盆景重要的交易市场之一。

● **岸和田市**，是位于日本大阪府南部的城市，现为施行时特例市；西部靠大阪湾，沿岸为以填海地为主的工业区，东部区域为和泉山脉，主要产业为纺织工业，本地的知名代表庆典为岸和田山车祭。于1990年与广东省汕头市缔结为友好城市。

## 本书涉及植物（以文中出现顺序排序）

● **福建茶**（学名：*Carmona microphylla*），紫草科基及树属，中文学名基及树、猫仔树，常绿灌木或小乔木。树干嶙峋结节，木质松脆；皮厚，灰白色；叶互生，倒卵形或长形，深绿色,有光泽;开白色小花;果红色有小柄。福建茶喜温暖湿润环境,在半沙半泥的水边生长特旺,广东、广西分布较多,其他省区亦有栽培。福建茶耐修剪,不耐寒冷,喜肥喜水,在半阴环境下生长良好。制作小型盆景多选用小叶品种,果多,青、黄、红果同挂树上,别有情趣。见马文其编著,《小型盆景制作与赏析》,金盾出版社,2008年12月,第62页。

● **九里香**(学名:*Murraya exotica*),芸香科九里香属,九里香具有叶细枝劲、矮壮苍劲、盘根错节等特点,而且四季常青、树形端正,花浓香且持久、色洁白而美丽,地栽、盆植均适宜。由于其具有叶细、根露、干粗、耐修剪、寿命长等特点,是培育树桩盆景的理想材料。见麦唛工作室主编,《观花植物巧养护》,华中科技大学出版社,2011年7月,第35页。

● **雀梅**(学名:*Sageretia thea*),鼠李科雀梅藤属,又名雀梅藤,一名酸味,多生于山野间,屡有干枯若朽或洞穿蚀空的古桩,仍丛发出细枝,纵横滋生着刺针状短枝。由于雀梅桩姿奇特,或苍老多节,扭曲不规,或皱皮斑驳,形若虫兽,园艺界常挖取其可塑桩株,截干蓄枝,制作成奇姿异态,犹似枯木逢春的艺术盆栽,深受赏识,在我国广东及江浙一带被作为主要盆栽品种之一。其独特体态经盆栽艺术工作者的加工制作,愈益展示出雅态万端,极具魅力。见沈荫椿著，《微型盆栽艺术》，浙江人民美术出版社，2017年6月，第52页。

● **水横枝**（学名：*Gardenia jasminoides*），茜草科栀子属常绿灌木，又名栀子。叶对生，有短柄，革质，表面有光泽。每年3-4月、9-10月各开花一次。花大白色，瓣四片，萼黄，香气浓郁，花后结青色果，熟时金黄色。果呈腰鼓形，有棱，长柄单生枝顶，不掉果。栀子是树姿好、花郁香、果实美的理想观赏植物，岭南盆景传统树种。见吴培德主编，《中国岭南盆景》，广东科技出版社，1995年，218页。

● **红果仔**（学名：*Eugenia uniflora*），桃金娘科番樱桃属，灌木或小乔木。叶片纸质，先端渐尖或短尖，钝头，上面绿色发亮，下面颜色较浅，两面无毛，叶柄极短，花白色，稍芳香，萼片长椭圆形，浆果球形，有种子。春季开花。原产巴西。红果仔树形优美，叶色浓绿，四季常青；果实形状奇特，色泽美观，味道鲜美，是观赏、食用两相宜的优良花木。

● **博兰**（学名：*Ponamella Pragiliagagnep*），系大戟科博兰属常绿灌木，分布于海南岛南部的乐东、三亚、东方、昌江、儋州等县市。常见生长在山沟、丘壑、林间与坡地，部分生长在山顶、崖壁与石缝之中。博兰树因长期受到海岛气候（高温、高湿、台风）等的影响与侵蚀，根系发达、古朴苍劲、虬曲多姿、叶小常绿、花繁果硕，是制作盆景的优良树种。其根系有大量的须根，根理健壮，外表呈灰黑间淡黄色,树皮嶙峋带有斑状,近似老人斑,枝干芽点萌发力强,生长较快,分枝茂盛,叶子近似卵形,厚实,背面淡绿色,表面深绿光泽,苍翠欲滴。博兰树耐旱、耐涝、耐阴能力极强。

● **黑骨茶**(学名:*Diospyros vaccinioides*),中文学名小果柿,柿科,别称枫港柿。黑骨香叶小,互生,鸡心形,革质,浓绿色,新芽叶嫩红色。灌木类。树皮、树根黑色。木质坚硬。

● **何首乌**(学名:*Fallopia multiflora*),蓼科何首乌属植物,性喜高温高湿,多年生缠绕性草本植物,具有粗壮块状根茎。

● **白饭树**(学名:*Flueggea virosa*),为叶下珠科白饭树属。分布于华东、华南及西南各省区,具有清热解毒、消肿止痛、止痒止血之功效。常用于风湿痹痛、湿疹瘙痒的治疗。外用于湿疹,脓疱疮,过敏性皮炎,疮疖,烧、烫伤的治疗。

● **马尾松**(学名:*Pinus massoniana Lamb*),松科,松属乔木,高可达45米,胸径1.5米。马尾松分布极广,北自河南及山东南部,南至两广、湖南(慈利县)、台湾,东自沿海,西至四川中部及贵州,遍布于华中华南各地。马尾松是重要的用材树种,也是荒山造林的先锋树种;其经济价值高,用途广。

● **罗汉松**(学名:*Podocarpus macrophyllus*),罗汉松科罗汉松属常绿乔木,可高达18米,通常会修剪以保持低矮,叶为线状披针形,长7至10厘米,宽7至10毫米,全缘,有明显中肋,螺旋互生。初夏开花,亦分雌雄,雄花圆柱形,3~5个簇生在叶腋,雌花单生在叶腋;种托大于种子,种托成熟呈红紫色,加上绿色的种子,好似光头的和尚穿着红色僧袍,故名罗汉松。

- **神秘果**(学名:*Synsepalum dulcificum*),山榄科神秘果属植物。常绿阔叶灌木,果实酸甜可口,吃后再吃其他如柠檬、酸豆等酸性食物,可转酸味为甜味,故有"神秘果"之称。株形较矮小,生长慢,枝叶紧凑,枝条弹性好,耐修剪,树形优美,果实成熟时鲜艳美观,花、叶、果都具有较高的观赏价值。

- **垂叶榕**(学名:*Ficus benjamina*),桑科榕属大乔木,产自中国广东、海南、广西、云南、贵州等地。枝叶茂密,小枝略垂婆娑,宜作行道树和庭园风景树,或密行植作高篱。叶和气根可药用,招鸟树种。

- **瓜子黄杨**(学名:*Buxus sinica*)是黄杨科黄杨属植物。又称黄杨、千年矮,黄杨科常绿灌木或小乔木。树干灰白光洁,枝条密生,枝四棱形。叶对生,革质,全缘,椭圆或倒卵形,先端圆或微凹,表面亮绿色,背面黄绿色。

- **油杉**(学名:*Keteleeria fortunei*),松科油杉属常绿乔木。主要分布在越南北部和中国香港、福建、广东、广西、贵州、湖南、江西、云南及浙江。树形优雅美观,可作庭园绿化树种。

- **鸡爪槭**(学名:*Acer palmatum*),槭树科槭属落叶小乔木,原产于中国、日本和朝鲜,在中国分布于长江流域各省,山东等地也有。鸡爪槭是园林绿化中常用的树木,也是嫁接红枫的砧木之一。

- **蜡梅**(学名:*Chimonanthus praecox*),蜡梅科蜡梅属落叶灌木。蜡梅在百花凋零的隆冬绽蕾,斗寒傲霜,表现了中华民族在强权面前永不屈服的性格,给人以精神的启迪、美的享受。它利于庭院栽植,又适作古桩盆景和插花与造型艺术,是冬季赏花的理想名贵花木。

- **棠梨**(学名:*Pyrus xerophila*),蔷薇科梨属乔木,别名木梨树、酸梨树、野梨树。棠梨是早春先花植物,具有较高的观赏价值。早春时节,鲜花烂漫,满树洁白,恰如"忽如一夜春风来,千树万树梨花开"。在城市公园和广场绿地都可以用来片植或群植,以营造绚丽的春景。

- **嘉宝果**(学名:*Plinia cauliflora*),桃金娘科树番樱属常绿小乔木。原产于南美洲的巴西、玻利维亚、巴拉圭和阿根廷东部地区。中国台湾在20世纪60年代引进种植,福建、浙江、广东、四川、湖北、广西、江苏和云南等地均有种植。喜温暖湿润的气候。

- **细叶榕**(学名:*Ficus microcarpa*),桑科榕属大乔木。盆景中所说的薯榕或者人参榕、地瓜榕,是由细叶榕的实生苗培育而成,它基部膨大的块根,实际上是其种子发芽时的胚根和下胚轴发生变异突变而形成的。有的植株还在其干基部嫁接了金钱榕（*F. deltoidea*）或卵叶榕（细叶榕的一个变种），显得更为高雅。人参榕属桑科灌木或小乔木。其根如人参，小榕树类。树干的形状酷似一个正在守望的人形，因此得名叫"人参榕"，常运用于福建和潮汕地区盆景的制作。

● **小叶冬青**（学名：*Ilex ficoidea*），冬青科冬青属常绿灌木或小乔木。小叶冬青可制作成各种树形、各类规格的树桩盆景。而更为突出的是小叶冬青在土面以上的粗老根桩虬曲弯转，形状优美，干肌古朴斑驳，受长年虫蛀土蚀，坑凹洞穴较多，枯凹面积较大，色泽枯黑，形似山崖陡悬。又能借助桩上的部分侧根活皮，倔强地向上萌发枝叶，郁郁葱葱，与残缺古朴的老根桩形成鲜明的对比。

● **凤尾竹**（学名：*Bambusa multiplex f. fernleaf*）是禾本科簕竹属孝顺竹的变种。该品种观赏价值较高，宜作庭院丛栽，也可作盆景植物。

# 口述盆景工作团队简介

## 华南农业大学岭南民艺平台

岭南民艺平台,全称"岭南风景园林传统技艺教学与实验平台",是依托于华南农业大学林学与风景园林学院的公益性学术研究平台。以保护与传承岭南地区传统技艺为使命,以研究与孵化培育为己任,以产学研相结合的方式促进与推动岭南地区传统技艺的再发现、再研究、再思考与再创作,为岭南传统技艺的可持续发展搭建了一个研究、培育、互利的公益平台。

岭南民艺平台成立于2016年,先期以"口述工艺"工作坊开启以岭南传统工艺作为内容的遗产教育与研究活动,带领在校大学生进入工匠的工坊、企业、工作室之中,实地学习、记录岭南传统技艺流程,以口述历史研究方法记录岭南地区的传承人与匠师,并形成文献与影像记录档案,让高校学子与研究力量真正进入非遗保护现场并发挥力量。

岭南盆景研究组成立于2017年,受广东园林学会盆景赏石专业委员会指导,是广东园林学会盆景赏石专业委员会委员单位,同时也作为岭南盆景艺术研习基地,一直以来致力于盆景方面的文献研究,访谈广府、潮汕地区花艺盆景传承人,记录与总结岭南花艺盆景的发展历程与技艺特色，形成口述记录档案、研究报告及展示成果，结合实地进行花艺盆景营造实践等。

岭南民艺平台 LOGO 及微信公众号二维码

# 民艺平台指导老师

## 李晓雪

华南农业大学林学与风景园林学院教师,岭南民艺平台负责人,硕士生导师,日本筑波大学世界遗产专业访问学者,广东园林学会盆景赏石专业委员会副主任委员。主要研究方向为风景园林遗传保护与管理、传统技艺研究、遗传教育与传播。

## 翁子添

华南农业大学岭南民艺平台岭南盆景研究组负责人,风景园林设计师,建筑设计师。出身盆景世家,现任广东省盆景协会副理事长、广东园林学会盆景赏石分会副理事长。

**陈意微**

华南农业大学林学与风景园林学院讲师，毕业于华南理工大学，博士。中国风景园林学会理论与历史专业委员会委员。研究方向为中国传统园林香景（smellscape）、设计与健康。

**李沂蔓**

华南农业大学岭南民艺平台岭南插花艺术研究组负责人，华南理工大学风景园林系在读博士研究生。研究方向为清代广州园林生活。热爱中国传统文化艺术，研习中国传统插花艺术。

## 李自若

华南农业大学林学与风景园林学院教师，秩•可食地景研究组负责人，硕士生导师，芬兰阿尔托大学访问学者，华南理工大学建筑学博士。研究方向为地域景观，研究对象涉及乡村景观、民居建筑、风景园林遗产、可食用景观、教育环境、社区营造等。

## 高伟

华南农业大学林学与风景园林学院风景园林专业主任、副教授、硕士生导师，美国北卡罗来纳大学夏洛特分校访问学者，中国风景园林学会理事，广东园林学会常务理事。主要研究领域为湾区建成环境更新与公共健康、善境伦理与历史环境教育。

**陈绍涛**

华南农业大学林学与风景园林学院副教授、硕士生导师，广东省公共资源综合评标评审专家。研究方向为亚热带建筑与环境设计、园林建筑设计、传统园居当代实践、住区与综合体规划设计。

**陈燕明**

华南农业大学林学与风景园林学院副教授、硕士生导师。研究方向为SITES可持续场地评估与设计、生态园林设计、生态修复、自然教育景观、英石文化与岭南新园林。

# "口述岭南盆景"历年团队成员

盆景组合照 1

盆景组合照 2

# 岭南民艺平台历届成员

2016 届成员合影

2017 届成员合影

2018 届成员合影

2019 届成员合影

2020 届成员合影

2021 届成员合影

2022 届成员合影

# 后记

## 方寸盆盎寄此生

"盆景清芬，庭中雅趣"，得益于出身花匠家庭，这样的情境常伴随着我的童年记忆。儿时，我对岭南盆景的认知，是工具篮里琳琅满目的盆景修剪工具，是父辈们手起刀落清脆的修剪声，也是盆中山水奇趣的想象天地——我和弟弟拿着袖珍玩偶，摆弄于盆山之间。如今想来，颇有沈复"夏蚊成雷，私拟作群鹤舞于空中"的物外之趣。这些经历让我从小就对花木有了浓厚的兴趣。

随着年龄渐长，我开始跟随父辈学习植物的品种识别与栽培，这也成为我课余生活的重要部分。高考填报园林专业也几乎成了顺理成章的事情。彼时我对岭南盆景的理解，还停留在盆景是园林中的装饰摆件，以及对岭南盆景"蓄枝截干"的一知半解。

2015年，国际盆景大会暨亚太盆景赏石大会在广州中山纪念堂举办，伯父带着我一起前往参观。除了对盆景布局、枝法的讲解，在面对一盆榕树水旱盆景时，伯父以气球比拟盆景枝托之间的空间，以传统绘画的画理为我解读赏析，一下子刷新了我对岭南盆景的认知。这些盆景不再是一个图案化的工艺品,而呈现出作者对于壶中天地的空间巧思。

在随后的学习中,我受到中国美术学院王欣老师关于"如画观法"和"乌有园"课程实验的影响。王欣老师以建筑学的视角,探讨中国传统文玩器玩的观法,似乎也与盆景一脉相承。这些探讨帮助我进一步理解园林与盆景、器玩的关系——它们共享了一套中国传统文人的"如画观法",直抵山水审美的核心。诸多关于盆景与园林的疑问和反思,一时间千头万绪,从尺度差异、历史源流,到山水情境……

正是带着这些疑问,2015年之后,我开始着手岭南盆景的学习。一方面梳爬文献,找寻相关研究成果与图像资料;另一方面跟随父亲、伯父和爷爷开始盆景种植。2016年11月,我又有幸随广东省盆景协会参访团,赴我国台湾地区参观第十一届"省(粤)港澳台"盆景艺术博览会,并在台湾地区进行为期一周的盆景参访。借由诸位盆景界前辈的提携,我有更多机会参观岭南盆景基地和展览。

在前期的初步学习中,我发现中国的盆景艺术虽然传承千年,但目前遗留或记载的文字或图绘史料却寥寥无几,仅凭《长物志》《花镜》《闲情偶寄》等文人笔记中关于技术操作的只言片语,难以对古代盆景技艺有更深入的了解,而岭南盆景的状况更是如此。以岭南地区风格独树一帜的"素仁格"盆景宗师陈素仁为例,他遗留下来的盆景照片仅有五张,而其文章记述也仅有一篇短短几百字的小文。有生命的盆景艺术仅凭几张照片必然无法传达素仁和尚创作盆景的精神内涵与匠艺体验，这也为"素仁格"盆景创作理论的研究与传承发展带来极大的困难。

自20世纪80年代开始，岭南盆景的独特审美特点与技艺特色备受前辈专家的关注，多本岭南盆景著作相继问世，岭南盆景研究也进入了新的时期。技艺的发展与成熟必然要求系统研究的同步跟进。围绕岭南盆景的核心技艺经验梳理与总结成为这一时期岭南盆景研究的重要课题。同时，我们也注意到，与技艺研究的热潮相比，关于岭南盆景的历史源流梳理与审美特征探讨，却成果寥寥。

2017年，我有幸结识了母校华南农业大学的李晓雪老师以及岭南民艺平台团队，并受晓雪老师之邀筹划组建"岭南盆景"工作坊。这让我对盆景的学习步入了一个新的阶段。在"岭南盆景"工作坊成立之初，我们就确定了以"工匠口述史"作为工作坊的启动方式，希望突破以往盆景作品静态的图像记录，转而呈现盆景作为"人与花木"互动创作的动态历程，将岭南盆景的研究以口述历史的研究方法，聚焦在岭南盆景匠人身上。

2017年至2021年，历时五年的时间，岭南民艺平台团队先后拜访了谢荣耀、曾安昌、韩学年、陆志泉、陆志伟、劳秉衡、劳辉、翁加文、郑永泰等岭南盆景人，并对他们进行访谈。这其中，谢荣耀老师为广东园林学会盆景赏石专业委员会主任委员，曾安昌老师曾任广东省盆景协会会长，两位前辈从岭南盆景专业组织的视角，为我们梳理了岭南盆景发展的路径；韩学年老师的作品个性鲜明，盆景创作另辟蹊径，为我们讲述了其对岭南盆景，特别是素仁格盆景的创作感悟；陆志伟、陆志泉两位老师作为岭南盆景前辈陆学明的传承人，分享了关于岭南盆景技艺家学传承的故事；90多岁高龄的劳秉衡老师作为广州盆景协会元老级前辈，讲述了岭南盆景筚路蓝缕的发展历程；而劳辉老师不仅师承家学，又学艺于东洋，为岭南盆景发展提供了崭新的观察视角；郑永泰老师擅长推陈出新、梳理总结，他的故事则为我们呈现了他对岭南盆景不同发展时期的批判性思考与实践；翁加文作为我的伯父，是我学习岭南盆景最重要的老师，他则是从一位园林工作者和盆景爱好者出发，讲述他与潮汕盆景的故事。

正如岭南园林行业的前辈吴劲章先生在回忆老一辈岭南盆景人时所感叹的"树如其人"，盆景人与树的际遇，也为我们呈现了岭南盆景更加多维而生动的图景：我们徜徉于曾安昌老师设计精妙的盆景园，也惊叹于其盆景生涯的惊心动魄；我们不仅能从一盆盆素仁格盆景中看到韩学年老师的文人风骨，亦能在方寸枝条爪间，窥见陆志伟、陆志泉两位老师对传统岭南盆景"蓄枝截干"的坚持；透过劳秉衡老师展示的一张张发黄的老照片，我们能感受到前辈们对岭南盆景事业的坚持与热忱；而流连于欣园的婆娑竹草间，也能感受到郑永泰老师几十年如一日对盆景的如痴如醉。

"一寸枝条生数载,佳景方成已十秋",擅长表现"近树"细节的岭南盆景往往需要花费很长的时间周期。而岭南盆景人与这些植物共同成长,漫长的培育周期,不仅有盆景人倾注的汗水,更是盆景人心境、品行的反映和投射——或是对祖辈核心技艺的骄傲与坚持,或是对主流价值的反抗与不羁,或是对盆树的狂热与痴迷——方寸间盆盎山水,早已成为他们风雨人生中足以栖息安顿的一方壶中天地。

翁子添
岭南民艺平台盆景研究组负责人
2022 年 12 月